The One Thing
You Need
to Know

最后，告诉你三条一定之规

优秀管理、杰出领导和个人持续成功的秘诀

[美] 马库斯·白金汉（Marcus Buckingham） 著

方晓光 译

中国社会科学出版社

图书在版编目（CIP）数据

最后，告诉你三条一定之规/（美）白金汉著；方晓光译.
—北京：中国社会科学出版社，2008.3
书名原文：The One Thing You Need to Know

ISBN 978－7－5004－6585－0

Ⅰ.最... Ⅱ.①白...②方... Ⅲ.成功心理学－通俗读物
Ⅳ.B848.4－49

中国版本图书馆 CIP 数据核字（2007）第 185244 号

Copyright © 2005 by One Thing Productions, Inc.
Simplified Chinese translation Copyright © 2008 by China Social Sciences Press.
All rights reserved.

中国社会科学出版社享有本书中国大陆地区简体中文版专有权，该权利受法律保护。
版权贸易合同登记号　图字：01－2005－6244

策　　划　路卫军
责任编辑　路卫军
特约编辑　骆　珊
责任校对　李　莉
责任印制　戴　宽
封面设计　久品轩

出版发行　中国社会科学出版社
社　　址　北京鼓楼西大街甲 158 号　　　邮　编　100720
电　　话　010－84029450（邮购）　　　传　真　010－84017153
网　　址　http://www.csspw.cn
经　　销　新华书店
印刷装订　三河市君旺印装厂
版　　次　2008 年 3 月第 1 版　　　印　次　2008 年 3 月第 1 次印刷
开　　本　710×1000　1/16
印　　张　12.25
字　　数　176 千字
定　　价　28.00 元

译 者 序

　　本书作者马库斯·白金汉是英国人，刚满 40 岁，便被美国学界、企业和媒体尊为管理大师，有"神童"的美誉。马库斯并非学管理出身，他在剑桥取得的学位是政治学，却在哈佛和沃顿这样的一流商学院登堂入室，坐而论道。马库斯自称，他今天出人头地，很大程度上得益于在国际著名的管理咨询公司美国盖洛普公司供职的 17 年。其间，他师从公司已故董事长、资深心理学家唐纳德·克利夫顿教授，潜心研究和丰富后者开创的"优势理论"和"成功心理学"，并参与采访各界成功人士，阅人无数，悟出不少真谛。

　　对于许多关注管理的国人，马库斯应该不陌生。1999 年和 2000 年，他在更年轻的时候先后与盖洛普资深顾问科特·考夫曼和克利夫顿教授合作了两本畅销书《首先，打破一切常规》（*First, Break All the Rules*）和《现在，发现你的优势》（*Now, Discover Your Strengths*），其中文版于 2002 年由中国青年出版社出版，广受赞誉和欢迎。

　　在某种意义上，眼下这本《告诉你三条一定之规》可以视为前两本书的续篇，既有继承，又有发展。所谓继承，主要是贯穿其中的"优势理论"和"成功心理学"。所谓发展，主要是作者针对杰出领导、优秀管理和个人持续成功而提出的"一定之规"。

　　尽管马库斯并没有宣称发现终极真理，但他笃信，一如自然界和人类社会的诸多现象，领导、管理和个人成功是有其内在规律的，而他的目的就是

"一语破的"，道出将这三方面的出类拔萃者与平庸之辈相区别的"一定之规"。

毋庸讳言，这都是马库斯的一家之言，说得对不对，由读者们自行评判。然而，鉴于书中所用的多学科理论框架，特别是马库斯亲自采访并分析的诸多案例，这些结论肯定不是赶时髦和拍脑袋的产物，因而值得一读。

先说领导。首先，马库斯与诸多管理学家不同，认为领导与管理虽然本质上都是率领和影响别人的行为，却存在重要区别。在《首先，打破一切常规》中，马库斯指出，领导是"向外看"的，关注的是环境、路径和未来。而管理正相反，是"向内看"的，关注的是组织、实施和绩效。

关于领导的关键词是"未来"。马库斯援引人类学家唐纳德·布朗的研究，指出，人性相通，我们都有"五大恐惧"和"五大需求"，即：对死亡的恐惧和对安全的需求；对外人的恐惧和对群体的需求；对未来的恐惧和对清晰的需求；对混乱的恐惧和对权威的需求；对渺小的恐惧和对尊重的需求。马库斯认为，就领导而言，虽然五条都重要，但最需关注的是未来，因为杰出领导的核心是"团结群众，为一个更美好的未来而奋斗"。杰出的领袖都是充满自信的乐观主义者，无论处境多么艰险，始终坚信前途一片光明。但仅仅乐观和自信还不够，要有效地唤起群众，领导者还得把话说明白，让最大多数的人听懂，继而看到并认同他心目中的未来，这就是"清晰"的要求。用电脑作比喻，光有"Intel Inside"是不够的，还必须建立"傻瓜界面"。

马库斯是西方人，其所列举的杰出领导者——大到国家领袖，小到企业主管——都是西方的案例。其实，看看中国现代史，他的"一定之规"也是适用的。毛泽东不仅是个超越千难万险，对革命胜利充满信心的领袖，而且善于对亿万没文化的穷苦农民把话说明白。王明自诩能背诵《资本论》，可惜农民听不懂。毛泽东只用两句话——"打土豪，分田地"和"枪杆子里面出政权"——就唤起老百姓，打跑了国民党。到了改革开放，邓小平也是讲大实话的高手，一句"白猫，黑猫"加上一句"发展是硬道理"，就使中国翻了个。

基于上述，马库斯断言，杰出领导的"一定之规"是："发现人们的共同点，并加以利用。"所谓共同点，就是群众的共同心愿。加以利用，就是用最简练和最清晰的语言和方式表述它，使群众满怀信心、步调一致地朝着你指出的方向前进。反之，如果鼠目寸光、见异思迁，或者自命不凡、空话连篇，是没有人跟你走的。

再说管理。其一，相对于宏观领导，管理是一种日常、直接和基层的活动。鉴于此，企业的高层领导和中层主管对于一线员工是不实施管理的，而只有一线经理才实施管理。其二，相对于战略决策，管理的定位是执行，执行的核心不是技术流程，而是带队伍。要带好队伍，关键在于两条，一是把人看准，二是把人用对。

为了界定优秀管理，马库斯用了两个比喻。首先，他指出，优秀经理人都是当教练的。诚然，教练也有优劣，但是无论高明与否，教练们有一点是共同的，就是悉心培养和帮助运动员赢得比赛。这世上，恐怕没有渴望自己的弟子失败的教练。然而，职场上却不乏嫉贤妒能，不仅不帮助，甚至刻意阻挠部下进步的经理。究其原因，多半是某种阴暗的不安全感，俗称"武大郎综合征"。优秀经理则不同，他们天生就喜欢当伯乐，其最大的乐趣，莫过于帮助部下成功和发展。优秀经理是阳光和安全的，从来不怕别人超过自己，就像教练乐见自己的弟子上台领奖一样。

优秀经理的第二个特点是下象棋。象棋与跳棋的一个重要区别，在于跳棋子走法相同，而象棋子走法各异。优秀经理实施人本管理，从准确界定人性开始。在他们眼中，员工如同象棋子，都是各个不同的，所以不能"一视同仁"。不仅如此，人还是有感情的，所以不仅要晓之以理，更要动之以情。基于此，马库斯界定了优秀管理的"一定之规"："发现每个人的与众不同之处，并加以利用。"换言之，就是发现每个人的独特才干，并把它转化为绩效。

杰出领导与优秀经理历来是组织成功的关键，而对个人而言，如果遇上他们，可谓三生有幸。我相信，大凡有点阅历的读者一定当过明星领导和经理的部下，并可能因此而受益终生；也一定领教过平庸之辈，甚至受过明明不是那块料，偏要对你吆五喝六、管头管脚的人的折磨。我们即便自己不当头，至少可以用"一定之规"来区分优劣，所以应当谢谢马库斯。

进入知识经济，出现了一类新人，即彼得·德鲁克所谓的"知识工人"，他们不找饭吃，而专找发展。他们参加一个组织，有三大需求，一是前途，二是公平，三是关爱。谁来满足？我想，领导者应当通过讲明未来，给他们前途；并通过合理的制度安排，给他们公平；而他们的顶头上司，即那些一线经理们，则应通过日常的人本管理，来给他们关爱。然而，领导和经理们再好，也不能包办每个员工的职业生涯。说到底，个人发展只能自我负责。德鲁克说得好："我们生活在一个充满机会的时代。但是没有责任就没有机会。员工发展不能依赖企业，而要当好自己的CEO。"

那么，什么是个人的持续成功呢？马库斯超越世俗的官本位和金本位，给出了这样的定义："在最长的时间里产生最大的影响。"换言之，无论你做什么，成功就是持续出彩。马库斯援引的案例，都是呼风唤雨的超级成功之士，令我们望尘莫及；然而，如果把成功定义为充分发挥自身潜能，继而像书中提到的"百分之二十的人"那样，"每天都做你擅长做的事，"那么，他的结论对我们每个人都是适用的。

说真的，初看书中关于个人持续成功的"一定之规"，有点出人意料："发现你不喜欢做的事，马上停止。"其实，中国自古就提倡"有所为，有所不为"。人生苦短，时不我待，惟有将有限的精力和资源集中投向一处，才有望突破。鉴于此，马库斯把成功生涯比作雕刻，决定其最终结果的不是添加，而是剔除。他列举的超凡人士无论从事什么行业，都能绷紧一根弦，不断抵御岔道儿上的种种诱惑，目不斜视地朝既定的方向走到底。这不禁使我想起中国的一句老话，叫"挂一漏万"。它通常被用来指责不周到的人，然而，用书中的观点重新诠释，恰恰揭示了成功生涯的秘诀：既然"挂万"不可能，我们何不刻意地"漏万"，以求"挂一"呢？无论书中还是生活中的成功者，不都是"挂一"的高手吗？

　　说到这，个人成功似乎简单到家了，其实不然。停止做你不喜欢的事，是为了持续做你喜欢的事；同理，"漏万"的目的是"挂一"。问题在于，我们知道自己喜欢做什么事，该挂什么一呢？如果眼下不知，又该如何去知呢？这使我们回到贯穿马库斯三本书的优势理论。关于优势理论，有一本书，推荐大家读一读，题为《让兔子去跑，别教猪唱歌》①，是马库斯在盖洛普的恩师克利夫顿教授亲自写的，其核心观念就是在自知之明的基础上，全力以赴地扬长避短。所以，如果你是鱼，就去游，是鹰，就去飞，是兔子，就去跑，千万不要为了赶时髦，去当全能动物。

　　马库斯为阐述优势理论，用了一句话，叫做"刻意的失衡"。他说，对于书中所描述的三种角色，"关键的技能不是平衡，而是它的反面——刻意的失衡"。"最有可能成功的人不奢望文武双全，相反，他们的策略是刻意地偏向一边"。这不是调侃，而是辩证法。马库斯摆脱了就事论事，转而用哲学的眼光审视管理，独树一帜，所以，他的书我喜欢，也希望你喜欢。

盖洛普咨询有限公司

（中国）前副董事长、

FG 咨询有限公司董事长、总裁

方晓光

2006 年 8 月，北京

---

　　① 《让兔子去跑，别教猪唱歌》（*Soar with Your Strengths*）：中国社会科学出版社 2006 年版。

CONTENTS 目 录

第一章
关于"一定之规"的两三事

"帮助我一语破的"

    "你如果对一个问题深入思考，会发现什么？"

从某种意义上，本书的起因是我在洛杉矶一家酒店的大堂里与佳里·托尔斯特德的一次谈话。佳里是富国银行（Wells Fargo）当地分行的总裁，任现职长达4年，成就斐然。然而，一如许多卓有成效的领导者，她天生爱挑自己的毛病。她刚对手下的大区经理们作了一场格外煽情的演讲，这会儿却独自站在一旁，一副不太满意的样子。

"怎么了？"我问。"你讲得真是精彩"。对于刚讲完话的演说人，我们总爱恭维几句，但这次我说的是真心话。她的演讲题目是顾客服务。她指出，鉴于现在市场上的大部分银行产品都是大路货，富国银行的生死存亡全靠服务质量。对于富国或更广大的商界听众，这话题并不新鲜。说真的，换一个平庸的演说人，一切会很快沦为老生常谈。但是佳里讲得头头是道，她讲了好多亲身经历的故事，还举了许多生动而贴切的例子。效果棒极了。

"我也不知道，"她回答。"有时演讲效果究竟如何，我真的说不准。大区经理们现在要向分区经理传达，我的话肯定会走样。然后，分区经理们要向手下的店面经理传达，而话到了他们耳朵里，会继续走样。等传到执行层面——我们的客户服务代表和个人理财代表——时，就面目全非了"。

"别误会，公司的各级经理层层加码是好事，但是，我有时依然觉得，要使全体员工对客户服务保持一致，就必须尽可能把话说到点儿上。我的主题必须非常简明扼要，确保43000名员工都能把最核心的内容铭记在心。"

当时，我记得自己喃喃附和，必须把她的指示准确传达到最关键的部位。但是，在我大脑的某个高雅的角落里，她的愿望——把一个问题看得一清二楚，继而能一语破的，同时避免过于简化其核心内容——被储存了下来。其后几周，无论我走到哪里，也无论我与谁交谈，她的愿望总在我耳边回响："帮助我一语破的。"

诚然，人们关心的题目是各不相同的。有人想了解优秀管理的组织原则。有人更关心杰出领导的本质。还有人探究事业成功的驱动力。但是，无论什么题目，人们都有相同的愿望：一语破的。

说到这里，我想有人会指责这种愿望，将它归结于思想上的懒惰。如果你能把生活简化成 PowerPoint 演示，那又何必与复杂的现实纠缠不清呢？但是，此种说法不仅有点不留情面，而且于事无补。我们都喜欢对现实的清晰归纳，这并不是因为我们思想上懒惰，而是因为这些归纳往往很有用。以春夏秋冬为例，它们就是把天气简化成了 PowerPoint 演示。毋庸讳言，它们忽略了大量的复杂性、例外和地区差异，但是，自古以来，农夫们不正是靠它们来安排播种和收获吗？

如果非要进行思想懒惰的指责，那就指责我好了。长达17年，我有幸供职于一家世界上最受尊敬的研究机构——盖洛普公司。在此期间，我有机会访问了一些世界顶尖的领袖、经理、教师、销售代表、股票经纪人、律师，以及各类公务员。虽然我当时未能总结出关于杰出领导、优秀管理或个人持续成功的一定之规，但这不等于一定之规不存在，而只是表明，我对此下的工夫还不够。

佳里的愿望，以及此后数月我从许多人那里听到的相同愿望，推动我开始下工夫。我认识到，既然大家都想一语破的，那么，向他们提供最好的帮助，非我莫属。我在盖洛普做研究的经历主要是访问一大批人，然后设法从数据中寻找广泛的规律。现在，我在努力一语破的时，将以这些基础知识为起点，进行更深入、更贴近和更个性化的研究。我不会访问大批的优秀分子；相反，我将寻找一两个高手，一两个在各自领域中可测量地、持续地和大幅度地超过其同伴的顶尖高手。我找的高手来自各行各业，包括将一种卖不动的处方药变为全球头号畅销药的高管，一家世界超大零售商的总裁，短短一个月内销售 1500 多支吉列除臭剂的客户服务代表，50 年中没有受过一次工伤的矿工，还有世纪巨片《侏罗纪公园》和《蜘蛛侠》的编剧。

把人找到后，我就开始调查他们的所作所为中那些实际的、貌似平常的细节。为什么那位高管一再谢绝提升，却欣然接受扭转滞销药品的挑战？为什么那位零售总裁在制定公司战略时，要回忆自己在工人家庭长大的经历？推销除臭剂的客户服务代表上晚班，这与她的业绩有关吗？她的一个嗜好是举重，没想到吧？但这能否解释她为什么持续出彩呢？这些不同寻常的人究竟做了些什么，使他们在各自的岗位上出类拔萃？

我刻意选择了三种角色进行深入研究，因为我认为，如果你想在一生中取得骄人的业绩，并维持和扩大它，这三种角色是至关重要的。它们是：经理、领导和个人。在本书的第一章，我们将关注两个角色，它们是组织持续成功的基石。

优秀管理的一定之规是什么？

为了使你的手下创造最佳绩效，你必须把几件事做得格外好。你必须把人选准。你必须通过清晰界定你想要的结果，来提出要求。你必须通过关注员工的优势和控制他们的弱点，来激励他们。并且，当他们要求你帮助他们成长时，你必须学会如何引导他们去做真正适合于他们的工作，而不是简单地帮助他们顺着公司的阶梯向上爬。

以上每一项任务都有许多微妙的差异，但是，在不否定此种复杂性的同时，是不是存在某种深刻的一定之规，它适用于所有这些角色，并且被所有的优秀经理铭记在心呢？书中关于优秀管理的一章对此提供了答案。

杰出领导的一定之规是什么？

你在研究真正杰出的领导者时，注意到的第一件事就是他们是多么与众不同。我虽然可以从当今的商业界找到无数的例子，但更愿回顾一下美国的头四名总统。虽然他们每个人都成功地唤起民众为一个更美好的未来而奋斗，但他们各自的风格却迥然不同。乔治·华盛顿的风格是坚定而稳重的，他留给后人的印象并不是一个煽情的幻想家。与此形成鲜明对照的是第二位美国总统约翰·亚当斯，他恰恰是一个煽情的幻想家，其口若悬河的演讲足以让喧闹的国会如醉如痴地静听数小时。然而，正如他在独立战争后的苦苦挣扎所示，他只有在跟一个明确的敌人作战时才出彩——而大部分时间，这个敌人就是英国。

他的接班人托马斯·杰斐逊则不需要一个敌人来激发他。他只要独自坐在书桌前，就能让眼前的白纸妙语连珠，绝句泉涌。然而，与亚当斯相反，他最怕演说，以至于改变常规，不在国会发表国情咨文的演说，而是把书面报告交给助手，让他跑好几条街，送到国会去。

詹姆斯·麦迪逊和他们都不同。他是个细声细气的小个子，不会用煽情的词句来实施领导。但他并未因此而退缩，而是使用了一种更脚踏实地的政治手段，在国会一个一个地做议员的工作，继而建立贯彻其施政纲领所需的联盟。

尽管他们各不相同，而且都非完人，但这四人均堪称领袖的楷模。鉴于此，我针对杰出领导这一章而提出的问题是，"你在研究出众的领袖时——无论是 250 年前，还是现在——能不能超越表面的个性特点，寻找一定之规，来解释他们为什么出类拔萃呢？"

在本书第二部分，我们将关注个人的持续成功。

个人持续成功的一定之规是什么？

在你的一生中，你不可避免地会遇到各种选择、机会和压力。持续成功的秘诀在于对所有这些可能性进行过滤，然后抓住几个有助于你最有效地发挥所长的机会。但是，你该使用什么样的过滤器呢？你该不该积极拓展自身经历，以求成为多面手，从而在形势变化时，避免"在一棵树上吊死"？如果某个工作不适合你，你该不该咬紧牙关挺住，以此向你的上司表明自己是个好士兵，为了团队的利益，两肋插刀，在所不辞？你该不该把自身事业分成若干个泾渭分明的阶段，每个阶段使用各不相同的过滤器？或许，这一切都取决于你选择什么样的事业，甚至你是一个什么样的人？

在第5、6、7章中，我们将讨论这些问题，继而揭示你在力争个人持续成功时，必须铭记在心的一定之规。

问了一辈子的"为什么"

"本书的起因"

我们开始前，让我先自我介绍一下。既然未来几小时（几天？几次飞机旅行？）里，我们要作伴，那你最好了解一下自己在跟谁打交道。虽然，在某种意义上，我写此书的动机可以追溯到与佳里·托尔斯特德的一次谈话，但在另一种意义上，在我人生的某个时刻，我要坐下来写这本书，几乎是命中注定。

我对《城里滑头》（*City Slickers*）这部影片，总觉得有点失望。这倒不是说我不喜欢它。三个百无聊赖的纽约人不远千里，来到西部的一家农场，寻找生活、友谊和忠诚的真谛，这故事的确吸引人，而且担任主演的比利·克里斯特尔演得酣畅淋漓，不负众望。影片让我心烦的是，它勾起了观众的兴趣，最后却不了了之。开演半小时后，比利演的角色力图与杰克·帕朗斯演的冷漠而孤独的赶牛队长讨论人生的意义。帕朗斯演的角色叫柯里，他对比利满口城里人的胡言乱语嗤之以鼻，从马背上转过身，面对他竖起一个指头。

"让我告诉你人生的秘密。一定之规。天下唯一的一定之规。有它就有一切，其他都是扯淡"。

"什么一定之规?"比利的角色问。

"那要靠你去悟，"柯里回答。

鉴于这一回答不能使我满意，我便耐着性子把影片看完，指望了解这一定之规到底是什么。然而，不祥的是，影片大约演到一小时，柯里就死了。但我仍不放弃，确信一部煽情的好莱坞大片绝不可能如此明目张胆地戏弄我，虎头蛇尾，故弄玄虚。但事实就是这样。影片的末尾，比利和他的两个哥们儿站在山顶，思考着他们最近的壮举，他们学到的人生道理，还有柯里那个哲学家兼赶牛队长。比利宣布，他现在看清了前方的道路。

"为什么?"一个哥们儿问。

"因为我知道他的意思"。

"谁?"

"柯里，"比利竖起一个指头。"我知道他这是什么意思"。

"什么?"

比利接着重复一遍柯里 1 小时前说的话："那要靠你去悟。"

"我要揍你，"他朋友说。

我也这样想。

"那要靠你去悟"。这算什么回答? 我在渴望某种真谛，特别是一段可供我第二天在汽车边上引用的至理名言，例如《北非谍影》中鲍嘉说的那句话："在这个疯狂的世界里，三个小人物遇到的问题算个屁，"或《黑客帝国》里劳伦斯·费许本慢条斯理地说的："欢迎来到地地道道的沙漠。"我甚至可以接受类似阿里·麦格劳①的话："爱情就是永远不必抱歉。"但是见鬼，《城里滑头》给我的，只是"那要靠你去悟"。

我想，我居然指望一部夏季大片揭示某种真谛，纯属自讨没趣，但是，说句真心话，我始终相信，我们能在一些复杂的表象下，例如，忠诚、效率、事业成功，甚至美满婚姻，发现某个核心概念。而有了这个核心概念的武装，我们就能聚集精力，看清原因，继而少浪费时间，进行更准确的预测，并精准地实现这些预测。一想到这些核心概念在等着我们去发现，我就激动不已。

我的一些最生动的记忆，就是发现某个核心概念，继而一举点破几分钟前还复杂无比的难题。

记得有一天，我像所有循规蹈矩的英国公学学生一样，早早来到教堂，第一次听教士诵读《新约》中的"科林斯首篇"第13章第13节："信仰、希望和爱，是必须遵守的三大准则；其中最伟大的是爱。"

我当时并未充分理解其中的意义，也许现在也不理解，但是我记得，自己当时激动不已，因为圣保罗经过分析后断言，虽然三条准则都很伟大，但最伟大的是爱。

自那以后，在我的心灵神庙里，我笃信不疑的"酷"概念越攒越多。有些概念之所以"酷"，是因为它们对我个人很适用。我3岁左右到12岁生日后不久的那段时间，口吃得厉害。这不仅让我很没面子，而且，在我能冷静思考的时刻，让我大惑不解。我为什么会口吃呢？为什么我磕磕巴巴，连自己的名字都说不清？我能熟记自己的名字。说真的，只要大人示意，我甚至能唱出自己的名字。但我无法在正常谈话中把它的音发出来。关于我的口吃，没有理性的解释，也找不到确切的原因，结果，它更显得强大无比，使我幼小的心灵充满了恐惧。

然而，不久后，我在一个医生的候诊室里，偶然看到一本杂志，里面说，在娘胎里吸收过多睾丸酮的男孩出生后易出现孤独、诵读困难和口吃的问题。

---

① 阿里·麦格劳（Ali MacGraw）：美国著名女演员，20世纪70年代红极一时。——译者

文中还说，睾丸酮过量的男孩还有一种独特的体征，无名指的长度明显超过食指。读到这，我马上看了一眼自己的手指，生来第一次发现，我的无名指大大超过食指，几乎与中指一样长。

我现在还记得，这一发现使我喜出望外——我的口吃原来事出有因；在某种意义上，它是可预测和可理解的。我现在不再为它而寝食不安了，继而能把它控制住。也许是巧合，我发现口吃的原因几天后，情况就开始慢慢好转。如今，我的毛病基本治愈。惟有过度劳累或紧张时，才会偶然出点小差错。

另一些概念之所以"酷"，是因为它们初看上去太离谱，甚至愚不可及。所谓潮汐是月球引力造成的说法即是一例。我哥哥第一次告诉我这事时，我还以为他在逗我玩，就像他过去的一些谬论一样，例如，鲸鱼会生蛋，或老蛾子为了保暖，把小蛾子养在路灯里，所以它们每天晚上都围着路灯转。但是，我经过调查发现，哥哥的说法无论听起来多荒唐，却真有道理：高悬夜空的那个小小的月亮神秘地让潮水涌上沙滩，淹没了我用沙子精心搭建的城堡，然后又让潮水悄悄地退回去。

还有些概念之所以"酷"，是因为它们能用最简单的方式解释最复杂的问题。就此而言，我自小推崇备至的"物竞天择"的理论是最突出的例子。我每次想到它，都会惊叹不已：有两个人，查尔斯·达尔文和艾尔弗雷德·拉塞尔·华莱士，竟能用犀利的眼光，洞穿大自然千姿百态的物种，识别深藏其中的造物玄机。他们包罗万象的理论能解释为什么动物有眼睛，为什么雄海马会生育，为什么人生气都是因为他们自以为是，为什么鸟类到南方去过冬，还有千千万万其他的生命模式和功能，而且如此简明扼要，连初中生都能懂，堪称理论之王。据说，达尔文的朋友 T. H. 赫胥黎读到一本早期版的《物种起源》时，说了一句我们许多人都会产生同感的话："我多傻，怎么没想到这一招呢？"太晚啦。

请别误会。我没那么天真，以为所有的复杂现象都能归结于一个原因。事实上，作为一名专业的社会科学家，我的职业习惯就是格外警惕过于简单化的论断，例如那些"放之四海而皆准"的解释，或"立竿见影"的行动计划。无论你的分析是多么仔细，你所判断的"因"与你想预测的"果"之间并不存在你所希望看到的那种清晰和直接的关系。

　　你如果学过统计，对如下的困扰，一定不陌生。首先，"因"与"果"之间从来就不存在紧密的关联。在理论上，正相的关联从毫无关联的 0.0 开始，一直到完全的正相关 1.0。但实际上，在社会科学领域，你如果能发现 0.5 的正相关，就算抱了个大金娃娃。例如，你如果打赌，高个的人比矮个的人重，那你多半会赌赢，但你知道吗？身高（原因）与体重（结果）之间的相关值只有 0.5。

　　其次，即使你发现两个因素之间存在一种正相关，你通常也说不准，它们哪个是因，哪个是果，甚至是否存在第三个完全不同的因素，才是两者真正的原因。例如，如果你分析买宝马车与买笔记本电脑的人，就会发现他们之间存在正相关，但是买宝马车本身并不会驱使你迫不及待地去买笔记本电脑，反之亦然。其实，两种购买行为都取决于第三个因素，收入或教育水平。

　　所以说，我对过于简单化的论断是持怀疑态度的，但是这种怀疑并没有削弱我对一个问题刨根问底的欲望。它也没有动摇我的信念：只要我们对一个问题进行深入的探究，就能透过其表面的复杂和不可预测性，挖掘出一些深刻并十分有用的真理。

检验"一定之规"

"为什么有的解释更加令人信服？"

　　我想，要描述我们所追求的目标，"高屋建瓴的洞见"（controlling in-sights）比"深刻的真理"更贴切。"高屋建瓴的洞见"的含义是，它们虽然不能解释所有的结果或事件，却能对大部分事件做出最好的解释。无疑，其他因素都会起到各自的作用，但是最有用的洞见构成所有其他因素的前提，

继而左右它们，使你能够"四两拨千斤"。这些洞见帮助你了解，无论遇到什么情况，你的哪些行动几乎总能产生最深远的影响。

事实上，一个概念要成为高屋建瓴的洞见，成为一定之规，首先必须通过这样的检验：它必须广泛适用于各类情形。以领导术为例：近来，人们都说，实施领导并没有一定之规；相反，什么是最有效的领导风格，取决于你所面对的情形。人们为了证实这一理论，喜欢以温斯顿·丘吉尔为例。两次世界大战之间的和平年代，他的好斗风格完全不合时宜，致使他被抛入政治的荒野；但是，一旦形势变化，当英国面对纳粹进攻，需要他来鼓舞士气时，正是这种风格发挥了空前的威力。

毋庸置疑，不同的形势的确需要领导者采取不同的行动，但是，这并不说明，杰出的领导没有一定之规。它也不说明，我们对领导的理解仅限于形势决定论。若如此，那我们就是在当逃兵。相反，如本书关于杰出领导的章节所示，只要下足工夫，精确思考，我们就能发现"高屋建瓴的洞见"，跨越各种情形和风格，来解释杰出的领导。

第二个检验是："高屋建瓴的洞见"必须产生乘数效应。它必须解释某个领域中出类拔萃的表现，而不是平均水平，更不是勉强过得去。在任何公式中，有一些因素仅仅起到辅助的作用——你如果把工夫都下在这些因素上，所获得的只是渐进的改善。"高屋建瓴的洞见"的威力大得多，它应当帮助你获得成倍的改进。它应当为你指明，为了从你的时间和精力的投资中获得最大的回报，你应当把工夫下在哪里。

例如，优秀管理是由许多因素结合在一起而产生的，然而，你如果仔细观察，就会很快发现，其中大部分因素并不能把有才干的员工变成超级明星。它们的作用仅仅在于确保你的员工不受到打压，以至于离职，或人不走而心已走。不要挑选缺乏工作所需才干的人；不要提出定义不清的要求；不要出尔反尔；不要对员工的优秀表现视而不见；不要高高在上；不要挑拨离间；不要对他们的意见不屑一顾。务必避免所有这些行为，这样你手下的明星就不容易被气走。

然而，上述各项都算不上关于优秀管理的一定之规，因为它们都不是乘数，不可能把一名经理从良好提升到卓越。而处于优秀管理核心的"高屋建瓴的洞见"所要解释的，恰恰就是这一点。

简言之，无论是什么题目，"高屋建瓴的洞见"的作用，不是仅仅让你参加比赛，而是告诉你如何去持续地赢得比赛。

第三个，也是最后一个检验是："高屋建瓴的洞见"必须指导行动。我敢打赌，你买这本书不是仅仅出于好奇，而是因为你想把一些事情做得更好。你想用不同的方式去做事情，而不是看事情。为了帮助你，"高屋建瓴的洞见"必须与行动紧密相连。它必须指明，你应采取什么样的具体行动，来更有效和更持久地取得更好的结果。

总之，为了识别"高屋建瓴的洞见"，或"一定之规"，我们要使用三条标准：它必须广泛适用于各类情形；它必须产生乘数效应，将良好提升为卓越；它必须与具体行动紧密相连。为了向你说明我们所追求的目标，以下是一个通过这三项检验的"高屋建瓴的洞见"，相信对你的个人生活有帮助。然而，我把它写进书里，不仅是因为它通过了三项检验，而且是因为它源自我们对成功案例的认真研究。

高屋建瓴的洞见

"什么是美满婚姻的一定之规？"

你可能会认为，社会科学家为了了解成功，一定会研究成功的案例，但是实际情况完全相反。至少在过去的 100 多年里，人们笃信好是坏的反面，于是，为了了解好，人们就去研究坏，然后把他们的发现颠倒过来。如此，人们通过研究抑郁和神经质来了解欢愉；通过研究吸毒的孩子来了解如何使孩子远离毒品；通过研究逃学行为来了解如何使学生准时到校；通过研究痛苦的婚姻来帮助我们了解如何避免离婚。

不出所料，这些研究表明，在痛苦的婚姻中，夫妇缺乏充分的相互理解——他们不能准确识别对方的优点、缺点或价值观。结果，根据好是坏的反面的信条，婚姻调解员便向前来咨询的夫妇提出这样的忠告，爱情可以是盲目的，但是牢固的夫妻关系必须透明。在关系牢固的夫妻之间，初恋的激情淡去之后，取而代之的就是对各自优、缺点和价值观的直言不讳的判断。所以，务必倾听你的伴侣；接受她看世界的不同角度；爱她的优点，同时又识别和接受她的缺点，并提供必要帮助。两人各自虽然都不是完美的，但合在一起就是完美的一对。

表面看，这一忠告——用准确的相互理解来代替盲目的爱情——确有道理。你如果能准确地理解你的妻子，她就会感到被体贴，继而更安全。反之，如果你要求她具备她实际上缺乏的优点，她的依然故我就会使你措手不及，甚至导致冲突。更糟的是，如果你固守她在你心目中的理想形象，那她总有一天会令你失望，而你们之间建立在幻想之上的脆弱关系就会出现裂痕，并最终崩溃。

无论从哪个角度看，这一忠告似乎都不无道理。

然而，近20年来，研究人员的关注点已经从失败的婚姻转移。在成功心理学①的数位领军人物——马丁·塞里格曼（Martin Seligman）、唐纳德·O.克利夫顿（Donald O. Clifton）、米哈里·西克森特米哈尔伊（Mihaly Scikszentmihalyi）——的引领下，主流的信条已经发生变化：好不再是坏的反面，而只是与坏不同，而你如果真想了解美满婚姻的要素，那你就应当像原先研究痛苦婚姻一样，严谨而执着地研究美满婚姻的案例。如果你能发现这些美满婚姻的核心是什么，并根据这些发现来提供咨询，那你就更有可能帮助人们建立长久而互惠的关系。

纽约大学水牛城分校、密歇根大学、不列颠哥伦比亚大学、滑铁卢大学，

---

① 成功心理学（positive psychology）：心理学流派，又称积极心理学。与传统心理学不同，成功心理学致力于研究积极的心理状态，继而帮助人们发挥优势和取得成功。——译者

以及英国的萨赛克斯大学的研究人员都采取了这一研究方法。他们的发现直接质疑传统的信条：美满的婚姻建立在明确的相互理解和相互接受之上。相反，他们发现，美满的婚姻有一个标志性的特点，而这一特点与常理是如此相悖，以至于我们难以接受。然而，如果深入思考，我们就能顺着这一特点，发现处于美满婚姻核心的"高屋建瓴的洞见"。

这些研究人员实施了大量形式各异的研究，访谈了数千对幸福的夫妇或同居男女；然而，为了我们的目的，我只讨论一项最早引起我注意的研究。在这项研究中，纽约州立大学水牛城分校教授、温文尔雅的桑德拉·慕雷（Sandra Murray）博士与她的同事们请 105 对男女（其中 77 对正式结婚，28 对同居）针对一组维度相互打分，例如"和蔼可亲"，"开放透明"，"宽容大度"，"耐心"，"热情"和"友好"。接着，他们请每对男女评定其对相互关系的满意度。这些男女并不是在蜜月里爱得死去活来的新婚夫妇，而是相处已久，平均 10.9 年。

［注意：从现在起，我要从一个给妻子打分的丈夫角度来写。这样做对我更容易，并且，我希望，在我试图解释我的发现时，更便于你理解。你如果不想把研究报告原文找来看，就要相信我，无论丈夫给妻子打分，还是妻子给丈夫打分，我讲的都是真话。而如果你真想看原文，就可以在《实验社会心理学期刊》（*Journal of Experimental Social Psychology*）第 36 期，第 600—620 页找到，题为《受到激励的心灵看到什么?》（*What the Motivated Mind Sees?*）］

如果准确的相互理解真是紧密关系的基础，那么，当丈夫在"耐心"、"热情"和"友好"上给妻子打高分，在"开放透明"上打低分，而妻子的自我打分相同时，他们的关系应当十分和谐幸福。说得简单些，当他们的打分模式相似时，他们对婚姻的满意度就高。

事实显然并非如此。丈夫对妻子的打分与妻子的自我打分相同，这与他们的关系是否快乐和幸福毫无关联。我不是说这里存在着负关联。对各自优、缺点的准确理解并不会使两人更不满意；但是两者之间没有关联，即准确的相互理解与婚姻的美满之间不存在可以观察到的关联。

然而，我们的确能看到一个明确的模式：在最美满的婚姻中，丈夫在每个维度上对妻子的评价都高于她的自我评价。由于某些原因，美满婚姻中的丈夫持续地称赞妻子身上她本人都不承认的优点。

一个玩世不恭的人可能把丈夫的评价视为自欺欺人的幻觉。如果我的妻子不认为她有这些优点，而过了 10 年之久，我还这样夸她，那"自欺欺人"的说法也不算过分。研究人员则选择更为适中的字眼，例如"积极的幻觉"，"善意的歪曲"和"理想化"，但是，无论使用什么字眼，结论是毋庸置疑的：在最美满的婚姻中，丈夫始终有盲点。

说到这里，你可能还会问，被"积极的幻觉"遮住视线的快乐的丈夫是否迟早要遭殃。我的妻子和我今天可能很快活，但是，一旦哪天妻子的行为与我的期望相悖，我俩非闹翻不可。

研究人员也想到了这一点，于是他们决定在未来的几年中对这些夫妇进行跟踪观察。他们发现了什么？对妻子本人不承认的优点打高分的丈夫不仅现在对婚姻很满意，而且在其后的岁月中声称，他们的满意度继续提高，同时冲突和怀疑都在减少。

这就是结论：认为妻子具有她本人都不承认的优点的丈夫不仅现在婚姻美满，而且将来更美满。

我必须承认，当我第一次读到这一发现时，就像你现在一样，觉得它简直是一派胡言。准确的相互理解无助于加强夫妻关系，这怎么可能？然而，证实这一结论的各项研究报告都发表在一份权威的学术杂志内，所以我认定它是对的。但是依据何在？

研究者们是这样解释他们的发现的：

人生最重要的决策，莫过于寻找终身伴侣。因为惟有在这样的过程中，一个成年人才会自愿地把自己的希望和目标完全寄托在另一个人的善意上。当事人在这样的脆弱处境中，要获得幸福和安全感，就必须认定，他们的关系是选对了，无论天长日久，风云变幻，他们的伴侣都会义无反顾地给自己关爱和支持。

当我把自己交付给我的妻子时，我就在做出一生最重大的决定。为了避免认知上的冲突，我强迫自己相信，决定是正确的。我的问题是，妻子并非完人，而且看世界的角度与我不尽相同。如果我盯住这些性格的欠缺和观点的不同不放，我就会怀疑自己的决定，并且很快对婚姻关系失去安全感。结果，我就会对夫妻间的温情感到不适，就会对她求全责备，甚至吹毛求疵，如此，关系就会慢慢瓦解。

鉴于此，我就会采取相反的做法，夸大我的决策合理性。我使自己相信，我的妻子实际上具有她本人没有认识到的优点。这种看法未必真实，就是说，我的妻子并没有这么完美。但是，这样想对我们的关系十分有益。它使我对自己的决定和我们的关系充满安全感，即使遇到困境和危机，我对婚姻关系仍然充满信心，继而避免为了自我保护而盲动。有了"积极的幻觉"垫底，如果妻子做了使我不顺心的事情，我也不会退而思考如何以牙还牙（至少不会经常和故意这样做），而会以德报怨地施以温情。

如此，日久天长，我的"积极的幻觉"会形成一种爱情的良性循环：幻觉给予我信心；信心产生安全感；安全感培育温情；而温情巩固爱情。

把这些结论聚合起来，我们就从这一"高屋建瓴的洞见"中找到了关于美满婚姻的一定之规：

寻找关于对方行为的最善意的解释，并且相信它。

爱情本来就是从积极的幻觉开始的，但是在美满的婚姻中，这种积极的幻觉并没有让位于对各自优、缺点的一种冷静而准确的判断。相反，这些积极的幻觉不断融入婚姻的方方面面，直到成为婚姻之本。直言之，积极的幻觉使爱情日久而弥坚。

一如所有"高屋建瓴的洞见"，这一"一定之规"将帮助你更精准地行动，来不断增强你的婚姻关系。例如，研究人员告诉我们，当你在你的伴侣身上发现一个瑕疵时，切勿把它隔离开来，在它周围画个圈，给它起个名字，把它放到一边，然后将它与她的优点相比。例如，"不错，她是爱发脾气，但在优点的一面，她很有爱心，而且很有创造力"。将明确界定的缺点与同样明确界定的优点相平衡固然不无道理，但是，不幸的是，此举无助于你的婚姻关系。研究表明，相互这样做的夫妇往往产生更多的猜忌和冲突，继而损及关系。这就好像你把伴侣的缺点说明白，反而给这些缺点注入本不该有的威力。它们可能在幕后躲一会儿，但是，就像戏剧中的捣蛋鬼，它们的天性就是突然从黑影中蹦出，把一切都搅乱。

研究人员告诉我们，正确的做法与此相反。当你看到对方的一个缺点时，务必设法在你心目中把它转化为某个优点的一部分。如此，你就会说："她不是没耐心，而是急切。"或"她不是小心眼，而是专注。"开始时，这样做好像是你在跟自己玩儿心理游戏，但实际上你在做一件十分聪明的事。切记：在最持久和稳固的婚姻中，夫妻双方都设法强化相互的理想化形象。通过将缺点转换为优点的一部分，你就是把所有可以获得的信息融入这一理想化的形象，继而使它更坚固，更不易被新的情况或新发现的缺点所瓦解。换言之，每个新发现的缺点都被改换模式，成为一个优点的一部分，继而植入你对对方的理想化形象中。

如上所述，这一洞见与关于婚姻的传统信条完全相悖，也可能难以与你的婚姻观相符。它是不是说，你不应当了解你的伴侣呢？是不是说，你俩永远不应当争论呢？如果你俩的价值取向完全相反，继而瓦解你的"积极幻觉"，那该怎么办呢？

对这些问题的回答足以写一本书，而鉴于本书的主题不在这儿，我不想为此多费笔墨。尽管如此，无论这些问题如何，我仍然决定把近期有关美满婚姻的发现写进书中，因为显而易见，它是深入研究成功案例后得出的结果。至少，它会使你静下来，仔细思考应该如何看待自己的伴侣。正如研究所示，你的观点不仅会影响你对当前现实的判断，而且会改变你的婚姻关系，继而左右你的未来。

如果你担心，这些结论不过是某些赶时髦的研究得出的，将来肯定会被新的研究所否定，那就请读一读 18 世纪诗人威廉·布莱克（William Blake）的话，体会一下英雄所见略同，"天下文章一大抄"的道理：

> 人的欲望受制于认知；没有认知，就没有欲望。

因此，当你观察你的生活伴侣时，务必关注你的认知，因为它们将决定你的欲望。

※　　※　　※

写到这里，让我们把婚姻的神秘抛在脑后，回到本书的中心议题——什么是关于以下三条的一定之规：

- 杰出领导
- 优秀管理
- 个人持续成功

这三个题目中，每个题目都有丰富而复杂的内容；要充分描述它们的诸多方面，我们对每个题目都能进行没完没了的探讨。我写本书的目的不是否认这些题目的复杂性，而是想透视它；不是把这些题目简单化，而是使它们更清晰。我们毕竟生活在一个什么东西都唾手可得的世界里，无论何时何地，我们想要什么，就能马上找到。如果我们想检索上个月的销售数据，或查询一张丢失的银行报表，或找回走失的丈母娘，有了这些系统，的确易如反掌；但是，如果我们不当心，这些唾手可得的信息就可能淹没我们。

要在这样的世界中左右逢源地生存，我们需要获得一种新技能：不是充沛的动力，不是高智商，也不是创造力，而是专注。"专注"这个字眼有两个主要的定义。它可以指我们的一种能力：透过纷繁复杂的各种外在因素，寻找和识别最关键的内核——要专注，就要学会过滤。它还可以指我们的另一种能力：一旦识别了关键的内核，便对它们施加持续的影响——这就是专注所具有的激光一般的威力。本书所关注的技能包括了这两个定义。

今天，我们必须善于过滤外部世界。我们必须善于洞穿混乱的外表，锁定具有关键意义的情感、事实或事件。我们必须学会区分什么只有一般的重要性，而什么至关重要。我们必须学会少去关注我们能记住的大量琐事，而多去关注我们必须铭记在心的少量大事。

但是，我们还应学会约束自己，用激光般的精准去行动。如下文所示，贯穿三个"高屋建瓴的洞见"的一条共同的线索是，无论经理、领袖，还是个人，如果渴求全面发展、无所不能和文武双全，就不会成功。最有可能成功的人不奢望文武双全，相反，他们的策略是刻意地偏向一边。这种专注，这种在工作生涯中针对一两个关键领域，集中最大的精力去"断其一指"，并不会使我们脆弱或狭隘。与常理相悖的是，这种严重倾斜的专注会增强我们的能力和韧性。

我对本书的希望是，它的洞见能帮助你磨砺你的两种专注能力，即过滤器和激光，继而帮助你精准而高效地实施管理、领导和个人发展。

第一部分

前两条一定之规

可持续的组织成功

The One Thing
You Need to Know

第二章
管理和领导：有什么不同？

重要区别

"它们不同吗？它们都重要吗？两样你都会吗？"

在出版了一本关于优秀经理的书《首先，打破一切常规》①之后，我以为，企业邀请我给它们的员工演讲时，一定希望我讲讲管理。奇怪的是，它们没这么做。几乎没有例外的是，它们都希望我讲讲杰出的领导。

每个人都对领导着迷。一个企业即使有出色的产品，完美的流程，忠实的顾客和敬业的员工，如果没有杰出的领导，前景一定不看好。人们认定，高明的领导术如同祖传的秘方，一旦注入企业的肌体，就会带来无穷的变革和创新。

关于领导术的秘诀，可谓五花八门，无所不包。不信，到附近的书店走一走，哪里不是满满一书架？什么《本质领导》（*Primal Leadership*）、《真实领导》（*Authentic Leadership*），还有《公仆领导》（*Servant Leadership*）。如果你

---

① 《首先，打破一切常规》（*First, Break All the Rules*）中文版 2002 年由中国青年出版社出版。——译者

还觉得不过瘾，就看看《匈奴王阿提拉的领导秘诀》（*Leadership Secrets of Atti-la the Hun*）、《领导术的爵士乐》（*Leadership Jazz*）、《莎士比亚论领导》（*Shakespeare on Leadership*），还有我的近期所爱——《花腔女高音式的领导》（*Leadership Sopranos Style*）。

若不是需求旺盛，领导类的书就不会汗牛充栋。而需求之所以旺盛，是因为对领导术感兴趣的，不仅仅是领导们。相反，传统的信条是，每个员工都是——或应当成为——一名领导者。沃顿商学院领导和变革管理中心主任迈克尔·尤西姆（Michael Useem）说："无论地位高低，每个人都要当好领导。"

传统信条不仅认定，每个人都应当成为领导者，而且进一步声称，每个人都能够成为领导者。言外之意是，领导不是天生的，而是后天培训和个人努力的结果。关于这一点，名家的论述不胜枚举。例如，《本质领导》的作者们声言："掌握领导术与掌握其他技术，如改进高尔夫球技或学习弹吉他无异。任何人，只要有足够的意愿和动力，在了解了领导的步骤后，都能不断改进领导效能。"

据我所知，对于领导术是包治百病的灵丹妙药的说法，惟有两位企业管理专家提出质疑：吉姆·科林斯（Jim Collins）和彼得·德鲁克（Peter Drucker）。科林斯在他所著的《基业常青》（*Built to Last*）中指出，大部分持续成功的企业的秘诀并不是超群的领袖，而是贯穿整个组织的现象，例如近乎宗教狂热的文化和核心价值。尽管我和许多其他人感到他的说法颇有道理，但是他对"领导就是救星"的论断仍有几分同情。后来，他根据对 11 家突飞猛进的企业的研究，写了第二本书《从优秀到卓越》（*From Good to Great*）。书中，科林斯讲到自己如何屈从于手下研究人员的压力："开始时，我坚持要他们'忽略企业高管'，但是研究人员一再抵制，他们说：'他们的确不同凡响，我们不能忽略他们。'"

不出所料，这里所谓的"不同凡响"指的就是领导术，只不过科林斯和他的研究人员赋予它特殊的定义，称为第五层领导（Level 5 Leadership）。第五层领导的特点，不是追名逐利和目空一切，而是不事张扬，充满自信，锲而不舍地追求既定目标。用科林斯的话说，他们"通过一种个人谦卑与专业意志的奇妙结合，建立千秋伟业"。在他新的理论框架中，这些第五层的领袖们是把一个企业从优秀变为卓越的关键。

如此，就剩下德鲁克孤军奋战了。他并没有忽视领导的巨大效能。相反，他深信，领导者的作用对于一个组织的持续成功是至关重要的。他在《管理未来》（*Managing for the Future*）中写道："领导者确立目标，确立重点，确立并维持标准。"他与所有其他人的不同之处在于，他拒绝区分高效管理与高效领导。他为了证实自己的观点，讲述了以下的故事：

一次，一家银行的一位负责人力资源的副总裁找到他，请他为她的员工讲一课，题目是魅力领导。他向她描述了一个高效领导者的主要职责。接着，他写道："我在电话上对这位副总裁讲完这段话后，对方沉默良久，最后说，'但是，这与我们多年所了解的高效经理的要求毫无不同啊。''完全正确，'我回答。"

在这场关于领导与经理的角色的辩论中，我的立场如何呢？所幸的是，鉴于我对上述两人都敬重有加，我同意他们的基本观点，即优秀的组织需要杰出的领袖。在我所参与的对成功组织的各项研究中，如果不考虑领导者的作用，我们是无法解释组织成功的。不言而喻，一个组织的领导者所起的作用，取决于组织所面临的不同挑战。如果组织要进行剧烈的变革，而不是维持现状，就需要一名强势领导者。但是，总体看，我的体会与领导术的权威沃伦·班尼斯（Warren Bennis）的说法相符："任何一个组织的成功中，领导至少占百分之十五。"

然而，我必须承认，除了在这一基本点上与他们意见一致外，我的研究结果在其他所有方面都与他们相悖。首先，尽管德鲁克才高八斗，但是他对领导和管理的看法真的对吗？诚然，领导和管理对组织的持续成功都至关重要，但它们是不能互换的。相反，领导与经理的角色是完全不同的。它们各自的责任不同，出发点不同，所需的才干也不同；并且，如下文所示，关于它们各自的"一定之规"也不同。这并不是说，你不可能两样都干好；你是有可能干好的。但我们要强调,你如果想两样都干好,或想从中选一样作为你的主攻方向,就必须充分认识两者的区别。

其次,关于每个人,无论职位高低,都必须成为一名领导者的说法,不仅不准确,而且有害。领导者在一个组织里扮演一种独特、独立并十分艰难的角色。如果每个人都想成为领导,他们就会忘记自己的主要职责——无论它是销售、服务、设计、分析,还是管理——结果,组织很快就会陷入分裂。

再次,由于领导需要某种天生的才干,关于任何人都能学会当领导的说法,无论初看起来多么诱人,同样是不准确和有害的。这一结论同样适用于优秀经理。很显然,你虽然可以通过实践、经验和培训(如下文所示)改进你的领导或管理效能,但你如果缺乏一些核心的才干,就绝不可能把任何一件事持续地做好。

最后,虽然我欣赏科林斯对某些目空一切的"领导者"的抨击——例如阿尔"链条锯"邓拉普①,丹尼斯"淋浴罩"科兹洛夫斯基②和杰弗里"糊涂账"斯基林③——但最高效的领导者并不是谦谦君子。事实上,他们的一个(虽然不是唯一的)最突出的特点是非常自负——经常需要夸海口。

鉴于反方的阵营空前强大,我的上述结论需要逐一解释。让我们首先探讨一下第一个题目:经理与领导的角色究竟有什么不同?

中层视点

"优秀经理在做什么?当好经理需要什么才干?"

---

① 阿尔·邓拉普(Al Dunlap):曾任美国 Sunbeam 公司总裁,因盲目追求公司股值,导致公司破产。——译者
② 丹尼斯·科兹洛夫斯基(Dennis Kozlowski):曾任美国泰科(Tyco)公司总裁,被判犯有欺诈和贪污罪。——译者
③ 杰弗里·斯基林(Jeffrey Skilling):曾任美国安然(Enron)公司总裁,被判犯有欺诈罪。——译者

我干这一行的一大乐趣是有机会结识像马吉特·考尔这样的人。马吉特是沃尔格林（Walgreens）药品连锁店的一名顾客服务代表，我是几年前在拉斯维加斯参加沃尔格林公司双年大会时第一次听说她的。公司的总裁戴夫·波恩诺尔邀请我向沃尔格林的4000多名分店经理演讲，题目是如何建设一个良好的工作环境。那是2003年夏季的一个上午，我在空旷的会场外的走廊里来回踱步，一边紧张地排练着我的开场白。

一如往常，我在开始演讲20分钟前，只身来到会场的末排，以便从听众的角度看一眼讲台，同时思考自己该如何表现，让坐得最远的人都能看见和听清。可是这一次，会场并没有末排。由于4000人实在太多，沃尔格林公司便把会场布置得像个拳击场：中间是灯火通明的讲台，四周是一圈又一圈虽然中看，却坐着不舒服的礼堂专用座椅。

我正在闷头思考演讲时该如何转身，依次面对四面的听众，此时，台上演说者的话打断了我的思绪。演说人是沃尔格林的营销总监，他似乎在谈论某次销售比赛。

"我们的许多销售创意都取得了巨大的成功，"他宣布。"我特别要请大家和我一起祝贺马吉特·考尔。如同所有的顾客服务代表，马吉特上个月参加了吉列除臭剂的销售比赛。全国的平均成绩是300瓶。有谁愿意猜猜马吉特卖了多少吗？"

我怀疑他是否真的在等人回答，但是他等了好一会儿；凡是有个大包袱要抖的演说人都会这样。

"1600瓶！"他大声宣布。"一个月卖1600瓶吉列除臭剂！让我们为马吉特欢呼！"这最后一句话是多余的。他的听众们熟知销售的艰辛，所以当他们听到这一难以置信的数字时，便疯狂地鼓掌、尖叫和跺脚来表示敬意。场面空前热烈。

我承认，我对这一结果不免有些酸意，因为说真的，如果我前面的演说人讲得大家昏昏欲睡，而不是全场沸腾，我接下来的时间要好过得多。

但是我的好奇也被点燃了。1600瓶可是一大堆的除臭剂啊。这个马吉特·考尔究竟是什么人？他是怎么做的？在哪里工作？沃尔格林公司能让我采访他，了解他的秘诀吗？我满脑袋想的都是这些问题，以至于忘记了心目中的演讲彩排——什么时候转身，看着谁，结果，我上台后一边讲，一边不停地转圈，而且越来越快。（我不知道自己为什么越转越快，反正有点情不自禁。）

所幸的是，尽管我演说完后头有点晕，但我仍念念不忘马吉特。他们能帮我找到他吗？我能采访他吗？

这两个问题都获得了肯定的回答。3 个月后，我来到加利福尼亚州圣何塞的第 842 号沃尔格林分店，见到了闻名遐迩的马吉特·考尔。

我的第一个发现是，马吉特是位女士，原籍印度的旁遮普邦，三年半前随丈夫移民美国。她原来的专业是电脑技术员，但是由于美国不承认她的学历，她便在当地一家技术学院进修，同时在沃尔格林公司打工挣学费。

我的第二个更重要的发现是，马吉特赢的不仅是一个月的比赛。在沃尔格林公司迄今举行的 13 次比赛中，她一共赢了 6 次。无论当月促销的产品是除臭剂、一次性相机、牙膏、电池，还是低脂巧克力，马吉特都能卖好。一如所有的超级明星，她的业绩有时会异峰突起，高得惊人——在她赢得吉列除臭剂比赛的那个月里，她有一天卖了 500 瓶。但是，她的真正天才在于保持高绩效。

我的第三个，也是最惊人的发现是，马吉特上的是"坟墓班"，从半夜12：30 到第二天 8：30。显然，这是她为了上课，被逼无奈。我不知你会怎么想，但要是我，我可能会找借口说："我不能比赛，因为我上的是'坟墓班'，根本见不到多少顾客。"很显然，马吉特不需要任何借口。尽管她上班时见到的顾客比同事们少得多，但她却有绝招让她见到的大部分顾客买她的东西。

不仅如此，她显然热爱这一行。马吉特的英文还算过得去，但并不流畅。初见面时，她有些害羞，但只要问她一个问题，她就会笑着打开话匣子。我问她，拿到学位后是不是去当电脑技术员。

"我在这里很开心。我丈夫说，'沃尔格林是你的店，但不是你的家。'但我说，'我不在乎。'我在这里很开心。我也许会去学药，当个药剂师……也许。但是我想我不会喜欢的。我喜欢现在的工作。真的"。

我顺水推舟地问她有什么秘诀。

"马吉特，无论什么商品，你的销售额始终超过全国平均水平的 5 倍以上。你是怎么做的？"

她又笑了。"我也不知道。我就是喜欢。而且每个顾客都喜欢我。我记着他们的名字。我认识每个人，每个人也认识我。我总在店里溜达，一条走道都不漏掉。他们看见我走过来，就说，'OK，马吉特，今天你要卖给我什么？'我就说，'瞧这——除臭剂或巧克力——试一回。试一回，如果你不喜欢，可以退货。就试一回"。

"顾客们感到有压力吗？"我问。

"一点没有。一点没有。他们喜欢我。我的微笑就是我的武器。我有一次回印度看婆婆，走了三星期。回来后，顾客见到我都问，'你到哪去了？我们都在想你呢。'这些人，他们喜欢我。我的微笑就是我的武器"。

真是如此。我追问了一番后，开始意识到，马吉特并没有什么秘诀，也没有特殊的销售技巧可供分析和总结，并在沃尔格林全公司推广，不禁使我和戴夫·波恩诺尔失望。要说绝招，就是她有一个格外讨人喜欢的性格，而且刻意地把它用在每天的工作上。

然而，有一件事的确引起了我的注意：马吉特在沃尔格林公司并不是始终那么出色。她在这里工作了 3 年，可只是最近才因为业绩超群而引起总部的注意。

"到底是怎么回事？"

"K 先生来了。K 先生非常客气，非常积极。现在一切都变了"。

K 先生的全名叫吉姆·卡瓦西玛，是马吉特的分店经理。吉姆是个来自圣迭戈的年轻人，不事张扬，但条理清晰，最善于管理后进的分店。马吉特所在的分店是他过去 4 年中起死回生的第三个分店。

据马吉特说，虽然他并没有亲自雇她，但正是他推动她连续出彩。他关注她的一些小把戏，并很快想出办法，把这些小把戏变为绩效。

例如，马吉特喜欢数字。说真的，数字使她走火入魔。在印度她是一名运动员——赛跑，还举重——这使她最喜欢对成绩进行测量。吉姆一眼就看出她的偏好，在铺子后门的办公室墙上贴满了各种图表和数据，将马吉特的销售额与分店、片区和全沃尔格林公司的员工相比。马吉特的得分总是名列前茅，而且用红笔画上圈。

对这一切，马吉特心中有数。我采访她那天，她脱口而出的第一件事是，"星期六我卖了343块低糖巧克力，星期天卖了367块。昨天110，今天105"。

"你一直都清楚自己干得怎样吗？"

"是的。每天我都去看K先生的表。甚至休息日我都特意到店里来看我的数据"。

马吉特的另一个特点是她喜欢当众受表扬。大部分人都喜欢听上司夸几句，但是马吉特对此的渴望超过常人。

"我是这儿的名人，"她告诉我。"各地的经理都说，'你为什么不像马吉特呢？'"她喜形于色。

吉姆与一些经理不同，没有故意打压她的自大，好让别人轮流受奖，而是刻意增强她对名誉的追求，然后予以积极的引导。在他办公室的墙上，除了各种图表，还有几十张他亲自拍的照片。除了一张以外，都是马吉特和当月的第二名，笑盈盈地站在精心布置的货架边。我向吉姆问起那张例外的照片。

"是不是那个月她没赢？"

"不，"他笑了。"那个月她也赢了，但是为了及时把照片送到沃尔格林的内部刊物，我不得不在她的休息日用别人顶替。天哪，她后来可没放过我。K先生，她说，如果你需要在我的休息日拍照片，为什么不给我打电话？我马上就到"。

并不是所有的经理都与吉姆·卡瓦西玛的风格相同。甚至沃尔格林公司内部，也不是所有的经理都与吉姆·卡瓦西玛的风格相同。我曾经采访过一个名叫米切尔·米勒的经理，她有幸为沃尔格林开了第 4000 家分店。我见她的办公室墙上贴满了工作计划，而不是图表、数据和照片。（下一章我会告诉你为什么。）

然而，虽然他们与他风格不同，但是所有的优秀经理都善于像吉姆对待马吉特一样对待他们的员工。他们都善于将每个人的才干转化为绩效。简言之，这就是优秀经理的职责。在《首先，打破一切常规》中，我将优秀经理比作催化剂。现在，我仍然觉得这一比喻是恰当的。优秀经理最高明的举动，是加速每个员工的才干与公司目标之间的反应。

一名优秀经理的主要职责不是质量控制，顾客服务，制定标准，或建立高效团队。以上各项都是重要的结果，而优秀经理们很可能用这些结果来衡量他们的成功。但是它们是最终结果，而不是起点。起点是每个员工的才干。经理面对的挑战是：寻找最有效的方法，将这些才干转化为绩效。这才是优秀经理的工作。

毋庸讳言，有人会反驳，经理不是员工的代理人，而是公司的代理人。他可以关心每个员工的成功，但是，如果员工的个人目标与公司的目标冲突，他该怎么办呢？如果矛盾无法调和，他难道不应把公司的目标放在首位吗？难道公司的目标不应当压倒员工的目标吗？正是由于经理的角色中存有这种内在的冲突——他应当为公司还是为员工服务？——我将本节题为"中层视点"。

尽管几十年来，企业管理的理论家和职场法规制定者们为这一冲突而争论不休，但我所访谈过的优秀经理中，没有一个人关心过这件事。每当我提及这个问题，他们都有些迷惑不解，好像我在言谈中漏掉了什么。在他们看来，冲突根本不存在。诚然，他们深知，作为经理，他们的任务是为公司的目标服务，就像所有的员工一样。但是，他们的直觉告诉他们，要为公司服务，只有一个途径，就是首先为员工服务。

他们的逻辑如下：

经理的独特贡献是帮助员工提高绩效。他可能还有其他的责任，如销售、设计或领导，但是，就其工作中的管理职责而言，他的成败取决于能否使员工在他领导下比在别人手下效率更高。他们说，要做到这一点，唯一的方法是使你的员工相信，他们的成功是你的首要目标。

现在，我建议你停下来，回想一下领导过你的最好的经理。他希望你做什么贡献？他希望为你获得什么？你俩主要谈什么？你知道他如何看待你和你的成就吗？

如果此人的确是一名优秀经理，我就敢打赌，日久天长，你就会确信，他最关心的是如何帮助你获得最大的成功。当然，在某种层面上，你知道，公司雇他是为公司的目标服务的，但是，在与你交往时，公司的目标退到了后排，取而代之的是你和你的成功。

由于对此笃信不疑，你就欣然为他两肋插刀。该下班时，你主动再干1小时。你拒绝与恶意抱怨的人同流合污，对他忠贞不渝，鼎力相助。遇到艰难时期，你毅然放弃跳槽的机会，与他同甘苦，共患难。

这并不是说，他对你放弃原则，一团和气。事实上，相对于一些平庸的经理，他对你更为严格。他对你的才干充满信心，继而不断给你压力，推动你超越自己。他激励你不断提高标准，并帮助你达标。他为你描述了一幅在你的岗位上出类拔萃的图画，并推动和帮助你实现它。他甚至会反对提拔你，并告诉你，根据他对你的才干的理解，接受提拔对你一定得不偿失。

总之，他很强硬，对你充满期望，而且要求严格，但是，最重要的是，你从不怀疑，你的成功就是他的北斗星，一切决策都以它的光芒为准。尽管你在理性上深知，你不过是他达到一个目的的手段，但在情感上，他从不让你有这样的感觉。

优秀经理就是这样调和对公司和员工的双重义务。他们深知，公司花钱雇他们，是为了推动你无私奉献；但他们也知道，要做到这一点，就必须向你提供支持和理解，并且挑战你，尽你所能地去争取最大的成功。如此，优秀经理们知道他们别无选择。为了完成他们的任务，他们必须从你的情感出发。他们必须使你确信，在他们眼中，你的成功是至高无上的。

　　表面上看，他们得出这些结论，似乎是逻辑推导的结果，但实际情况并非如此。根据我采访他们的感觉，他们对每个员工的成功做出承诺，更多的是出于直觉和本能，而不是逻辑的推断。这是因为，优秀经理的一个最突出的才干是从别人身上的点滴进步中获得满足感。从心理上说，他们的确别无选择。他们之所以情不自禁地帮助你成功，是因为他们独特的大脑布线使他们对你充满好奇，并欣然想像如何创造一个好的环境，使你取得最大的成功。我们通常把这一才干称为"教练的本能"。

　　吉姆·卡瓦西马显然具备这一才干，这在他谈论马吉特和她的成功时溢于言表。

　　米切尔·米勒也有这种才干；当我问她，对于管理她最喜欢什么时，她不假思索地回答，"帮助别人成长"。这并不是说一两句讨好的话而已。她发现和培养了十几个未来的分店经理。由于她当伯乐闻名遐迩，沃尔格林公司特意把许多有潜能的经理候选人送到她的分店培训。事实上，就在我采访她时，有两个当年她的学生从各自的分店打来电话，寻求指点和情感支持。

　　说真的，我采访过的每一个优秀经理都有这一才干。无论在什么情况下，他们的第一反应总是考虑员工个人，以及如何提供支持来帮助他成功。

　　如果你具有这一才干，你就会明白我的意思。你不会浪费时间来苦苦思考如何处理公司需求与员工需求的冲突。在你看来，这都是无关宏旨的经院哲学。相反，你会抓紧了解你手下的每个员工，设法帮他们用合适的方式，在合适的时间和地点成功。你会腾出时间密切观察每个人的绩效，并适时提供建议和指点，继而帮助他们把你的辅导落实为行动。你每看到一点进步和一次成功，无论多么细微和短暂，都会铭记在心，并从中获得动力，继续实施教练和引导。

　　如果个别人迟迟不进步，你也不会陷入两难：不知是根据公司的意愿，直言相告；还是根据当事人的意愿，听之任之。你自然会对他们直言相告，因为你深知，如果你听任他们陷入平庸，那对谁都没有好处，尤其是对他们自己。于是，你便调整他们的工作，或者完全更换它，甚至劝他们另谋高就。

为了帮助他们成功，你会用尽各种招数。

另一方面，如果你没有这种教练的本能，所有这一切对于你便格格不入。诚然，在理性层面上，你或许能理解为什么经理需要帮助别人成长，但是与优秀经理们不同，你对这种成长不会着迷，不会受到它的吸引，不会为它而激动。事实上，由于你的大脑没有调到应有的频率，无法识别别人的点滴进步，天长日久，你就会对经理的职责感到厌烦。

说真的，我自己的情况就是这样。我不是一名天生的教练。我是一个专注的人，一个任务导向的人。我喜欢连续工作，完成一项任务后，马上开始下一项任务。我不喜欢管人，因为这活儿没个头。每个人都不是制成品，而始终都在加工过程中，而我看不到他们的进步。

这倒不是因为我不喜欢别人——我愿意与他们相处，了解他们的思想，赞美他们的成就，但是我看不到他们的进步。我当经理时，员工会来到我的办公室，讨论他们的工作，向我讨教，我也会很高兴地为他们出点子。但是他们离开时，我丝毫不觉得他们有什么两样，没有变化，也没有进步。

毋庸讳言，他们实际上是在变化，在进步。他们的变化也许不是立竿见影，但是几天后，当他们消化了我的建议，将它融入自己的风格和行动时，他们无论是向客户讲解一个问题，起草一份报告，演示一张幻灯片，还是做任何我们讨论过的工作，都会有所改进。我的问题在于，我看不到这些细微的进步。我对它们视而不见。

当我采访沃尔格林的分店经理米切尔·米勒时，她不仅记得她培养过的所有分店经理们的名字，而且在我追问时，她能回忆起每个人所面临的具体挑战，以及她如何帮助他们应对它。

我则不同。一名前同事最近给我发了一封 E-mail：

> 哥们，我真想你。你在加州住在哪儿？如果我路过你住的城市，也许咱俩该一起喝一杯，好好聊聊过去的好时光。还记得你在亚特兰大的旅馆里教我 Q12 吗？

我意识到，回答是否定的。我一点都不记得了。

我也有一技之长，但肯定不是管理别人。我一辈子采访了这么多人，对什么是优秀管理可谓了如指掌，可我自己却做不来，你说可笑不可笑？就此而言，我算应了一句俗话："如果你做不来，就教书。如果你真的做不来，就当顾问。"

说真的，我敢打赌，你是一个比我高明的经理。我并不缺动力、关系或关于管理的理念——这三者我都有。问题是，出于某种原因，也许是某种染色体的冲突，或我的儿时经历，我天生看不到别人的点滴进步，更枉谈从中获得满足。我把别人看成实现某种绩效结果的手段。优秀经理则不然。无论公司对他们施加什么绩效压力，优秀经理都把别人本身看成目的。

一如我的导师唐纳德·O. 克利夫顿过去常说，美国管理协会（AMA）弄错了。AMA 的口号"通过用人来做事"错误地解释了优秀管理的实质。正确的说法是，"通过做事来用人"。

高层视点

"杰出领导在做什么？当好领导需要什么才干？"

如上所述，优秀经理的绝招是把员工的才干转化为绩效，那么杰出的领导者做什么呢？他们究竟做了什么与众不同的事，使他们成为杰出的领导者？

首先，我们必须对领导进行准确的定义。

在《爱丽斯魔镜之旅》（*Alice through the Looking Glass*）一书中，蛋人 Humpty Dumpty 对词汇的定义进行了世人皆知的嘲讽。爱丽斯批驳他说，"光荣"这个字眼的定义并不是他所说的"势不可挡的结论"，他回答："我想怎么说，就怎么说，别人管不着。"

这固然是一种诡辩，而且被 Humpty Dumpty 演化成为一种理论，即你必须成为词汇的主人，否则，词汇就会成为你的主人。就我们的目的而言，这一立场于事无补。对领导进行准确的定义并不是在玩经院哲学。既然沃伦·班尼斯声称，一个组织的成功中，至少有50%归功于领导，那么我们就需要了解如何识别善于领导，或至少是具有领导潜能的人。我们就需要了解如何创造一种环境，来培养和赞美这种领导。我们还需要了解，领导的哪些方面是可以培训的，而哪些方面是天生的。而除非我们对"它"进行统一的定义，这一切就全无可能。

许多人都尝试过定义领导。例如，《本质领导》的作者列举了高效领导者据说都具备的19种行为特点，例如"情感控制"、"透明"、"主观能动性"和"建立密切关系"，并告诉我们，所有这一切都能学会。对领导肯定略知一二的鲁迪·朱利安尼（Rudy Giuliani）在他所著《领导》（Leadership）一书中，把它简化成七个行为特点：了解自身价值；保持乐观；时刻准备；展现勇气；建立优秀团队；并且，最重要的是，爱别人。

甚至美国陆军也来凑热闹。他们认为七这个数字好，但是除了一条，他们的定义与朱利安尼全然不同。根据军方编写的《任、知、行：陆军领导术》（Be, Know, Do: Leadership the Army Way）一书，要成为领导，就必须具备：忠诚，责任，尊重，无私服务，荣誉，诚信和个人勇气。

虽然上述对领导进行定义的尝试都是很认真的，但你也可能像 Humpty Dumpty 一样，对定义不屑一顾。也许你认为，领导如同艺术：没有必要对它进行定义，因为你在实际生活中一眼就能看出。

好吧，在以下段落中，我要描述一个具体的事件。这是一次千钧一发的紧急事件，其中的每个参与者都临危不惧，奋力拼搏，而且有几个人脱颖而出，成为英雄。我要特别提到三个英雄：兰迪·弗戈尔、乔·斯巴弗尼和凯尔文·吴克康博士。你在阅读下文时，不妨思考一下，他们各自面对空前压力的所作所为是否符合你对领导的标准。（我对此事的描述主要源自两处：《纽约客》杂志中彼得·伯伊尔的报道和幸存者后来写的书《我们的故事》）

2002 年 7 月 24 日晚上，在宾夕法尼亚州萨莫赛特的丘克里科煤矿，9 名矿工在工头兰迪·弗戈尔的率领下，在矿井里干活。他们所在的采掘面位于地面 240 英尺以下，需要通过一条长达一英里半的巷道才能到达。这条巷道从矿口开始向下缓慢倾斜，直到一半的距离，由于煤层的限制，陡然降至地下 600 英尺，然后缓缓上升，到达采掘面。

在丘克里科煤矿，采掘是由一台联合采掘机进行的。它是一个重达 60 吨的庞然大物，紧贴采掘面，一边挖掘，一边把大块的煤铲起，送到传送带上运走。一名矿工站在采掘机右边，通过一个挂在腰间的遥控器操纵它，其他矿工则待在机器的左后方。

紧靠丘克里科煤矿的，是一个名叫萨克斯曼的老煤矿。它废弃数十年，现在注满了水，如同一个巨大的地下湖。矿工们上班已经几小时，联合采掘机在继续挖掘，突然，一股巨大无比的水流把它冲开。采掘机不慎挖通了与地下湖相隔的煤层，7000 万加仑的水顷刻涌入。

矿工们一阵慌乱后，开始意识到三个现实。第一，他们不可能走出去。水流太快——流速高达每分钟 18000 加仑——已把 600 英尺深的那段巷道淹没，封死了往井口的通路。

第二，与常理相悖的是，他们发现，最安全的地方就在采掘面。由于巷道从 600 英尺的最低点回升，采掘面在整个矿中恰好是他们可以到达的最高点。换言之，矿井进水后，这里将是最后被淹的。

第三，他们发现少了一个人。当洪水冲破采掘面时，名叫马克·"莫"·朴波纳克的采掘机操纵手正站在采掘机的右方，为了躲水，又往右方跳了几步。虽然此举救了他的命，但把他与其他人隔开，后者面对洪水，都往机器的左方逃去。现在，湍急的洪流成为一道马克无法逾越的屏障，把他困在采掘面右上角的一块弹丸之地。

他虽然暂时脱险，但前景不妙。200 英尺宽的采掘面并不是水平的，而是从左角的最高点骤降至右角的最低点，而洪水的突破口离采掘面的最右角仅 20 英尺。除马克外，其他所有的矿工都跳到了洪水的左边。但是马克跳到了右边，如果不及时逃离他所在的低处，就会比其他人早几个小时淹死。

工头兰迪·弗戈尔不知道他们怎样才能逃出矿井，甚至能否生还，但是他无法忍受自己站在安全地点，眼看一名工友被洪水淹死。他决定救马克。一开始，他想等水流变缓后，让马克涉水过来。但是，他看到洪水以超过 90 英里的速度整整流了一个小时，就意识到，洪水的速度至少会维持数小时，甚至数天，而他们根本没有那么多时间。

最后，他认定，他们的唯一机会在于把一台装煤机开到水边，将前臂伸过水流，然后让马克跳到煤斗里。用矿工们的话说，"这是个异想天开的主意，万一洪水把煤斗冲走怎么办？毕竟 60 吨的采掘机都被水冲开了 20 英尺。操纵手会被一同冲走。万一马克在跳进煤斗时失足怎么办？"

无论这主意多么异想天开，兰迪都把它当成最大的希望。他爬进装煤机，点火发动。"我把它左右挪动了一下，开到水边，直到不能再往前为止。我对马克高喊，'够近吗？'他摇摇头。我想，这可真有点悬呢。于是我又挪了几英尺，再一次喊，'现在你能够到吗？'"

马克低头看看洪水，背靠岩石定了一下神，然后跳过来。"头在前，两手伸开。我触到了坚硬的钢铁，顺势滚进煤斗的底部，缩成一团不动，直到兰迪把我救过洪水，与大伙团聚"。

马克安全后，兰迪使自己冷静片刻。"我们现在汇合了，一定要团结在一起。不是一起淹死，就是一起脱险"。随着洪水继续上涨，兰迪把大伙带到采掘面左侧的一小片空地，然后蹲下来等待。

在地面，救援行动迅速展开。洪水是晚上 9:00 后不久发生的。到了次日凌晨 3:15，工程师们已经猜到矿工们的位置（后来证明是猜对了）。他们使用一个全球定位仪，在地面锁定了与矿工的地下位置相对应的地点（985 号公路边上的一片耕地），接着竖起一个钻井，开始钻探。他们知道，一共有 9 名矿工失踪，继而决定他们的首要任务是往矿井打一个 6 英寸的洞，以便与幸存者建立联系。

钻井周围很快聚集了一批专家，其中一位名叫乔·斯巴弗尼，时任宾夕法尼亚州煤炭处处长。和所有的人一样，他盼望能尽快钻透矿井——惟有到那时，人们才知道他们的努力是救人，还是收尸。时至凌晨5:00，他和大家欣喜地得知，钻头已经打穿矿井，并且井下有人用铁锤在上敲击了9次，表明所有9人都活着。

然而，他的欣喜好景不长。人们原计划顺着6英寸的洞，把一部无线对讲机送入井内，以便与矿工们进行语言沟通。但是，他很快就发现这行不通。钻头刚刚打穿矿井，就有一股强大的气流从洞内反喷出来，直冲夜空。

乔马上意识到发生了什么事。钻头打穿了矿井里的气潭，而正是这一气潭抵住了洪水，使矿工们免遭灭顶之灾。随着气潭外泄，洪水必将加速上涨。人们始料未及的是，他们本来想与幸存者建立联系，却事与愿违地增加了他们的生命危险。

乔与他的同事约翰·乌若赛克认识到，矿工们的唯一希望在于用高压向矿井里输气，同时阻断气流从洞里外泄。此举将形成一个人造气潭，向矿工们输氧，同时阻滞洪水上涨。向井内输气并不难——他们只需插上气管，然后打开气泵。但是，如何阻断外泄的气流呢？

忙于救援的是一支全明星的工程师队伍，他们立即开动脑筋，献计献策。但是所有的建议都被否定了，不是无效，就是过于耗时。最后，乔突然想起，大部分消防站都储存大量的气袋，以备救援时急用。如果他们能把一些气袋塞入洞中，放置在钻机四周，然后充气，或许就能阻断气流。于是，他紧急呼叫当地的消防站，找来了气袋，然后疯狂地把它们塞入洞内。"非常困难。气流不断把它们顶回来。但是我们终于把它们放到位，然后全力充气"。

虽然救援人员无法确知，他们的努力是否对井内的环境产生明显的作用，但是他们都坚信，人造气潭是雷打不动的原则。其后三天里，他们经历了无数的困难，包括钻头断裂，石层坚硬和井下莫名其妙的一片死寂。但是，他们深信，只要继续输气，同时充气的气袋顶住压力，就有希望。这个被宾夕法尼亚州长称为"斯巴弗尼方法"的援救措施使他们斗志昂扬。

有一件事使救援人员忐忑不安，那就是压力。不仅是时间压力，还有井内的气压。上涨的洪水与输入的空气相抵，使井内气压不断上升。虽然矿工们并未感到明显的不适，但他们看到，仿佛有一只无形的手，把身边的空水瓶捏扁了，不免阵阵心虚。如同地面上的救援人员，他们深知，他们如果在井内的气压下降之前被迅速救到地面，就会像一个上升过快的潜水者一样，患潜水病。

为了防范这一意外，救援人员特意从海军运来了 9 个减压仓。然而，一名现场的专家凯尔文·吴克康博士，却有不同的建议。吴博士是联邦矿业局的矿业废料和地质技术工程处的处长。他同意大家的意见，即气潭是矿工们的生命线。但是，他并不把希望都寄托在"斯巴弗尼方法"上，而是把关注点放在水泵上。他的推理是，矿工们脱险的唯一途径是平衡井内气潭与地面的气压。鉴于洪水上涨的挤压导致了气潭的压力上升，平衡气压的唯一方法是减慢并最终逆转洪水的上涨。

人们已经在井口架起了巨大的水泵，以每分钟 30000 加仑的速度从井内抽水。根据吴博士的计算，惟有水位退至 1829 英尺时，气压才会平衡，救援才能开始。此时，钻机正在朝矿工们的方向钻一个直径 30 英尺的洞，以便他们逐一逃生。吴博士主张钻机在 1860 英尺处停止，直到水位降至 1829 英尺时再继续。

现在看来，吴博士可谓神机妙算，但是在当时一片慌乱的气氛中，他的公式似乎精细得离谱。每个救援人员都急不可耐地想尽快找到井下的矿工，同时现场的医生警告说，矿工们在华氏 50 度的冷水中浸泡过久，会导致体温过低，而就在这样的情况下，这位吴博士竟然要求他们在还差 31 英尺就能到达目标的地方停止钻洞。大家对他的主意毫无耐心，不屑一顾。他们不想停。

面对一片反对声，吴博士既冷静和理智，又坚决。他对于自己认定的数字，1829 英尺，寸步不让，以至于有人很快给它起了个名字——"吴博士的神数"。

彼得·伯伊尔描述了后来发生的事情。说服了专家们接受他的观点后，吴博士向大家告辞，钻进汽车，然后回家去洗澡、吃饭和睡上几小时。他刚睡下，电话就响了，是一名同事打来的，要他马上回到指挥部。逃生洞进展顺利，人们急于打通矿井。吴博士穿上衣服，回到萨莫赛特，正巧赶上指挥中心在午夜后召开的一个会议。吴博士再次强调，水位未降，不能往矿井钻第二个洞。他又把众人说服了。会议于凌晨1:30结束。

两天后，他的决心得到了回报。当大钻头钻到离矿工们所在的角落不到20英尺时，他命令停下，然后小心地观察水位缓慢地回落，1832英尺，1831，1830，直到那个神奇的数字，1829英尺。直到此时，他才同意继续钻洞，最后打通气潭。如果他的计算是准确的，那么，气潭内的气压应当正常。的确如此。现在，矿工们就能从洞中逃生了。

在长达77小时的磨难中，兰迪·弗戈尔始终稳住了全队的军心。救援结束后，他要做一个最后的决定。他的手下想雇一名律师，来起诉事故的责任人。他们认定，一定有人渎职，必须严惩。

尽管官司如果打赢，赔付数额可观，但弗戈尔拒绝参与。回想起来，他认为公司或州政府对洪水没有任何责任。他们的采掘地点没有错。他们知道萨克斯曼矿井就在附近，但是根据手头最可靠的地图，它位于采掘面约300英尺以下。不错，矿井的顶部在滴水，但是许多所谓的湿井其实都很安全。滴水本身并不说明灾难临头。事实上，灾难发生几周前，州政府的一个安全小组刚刚检查过他们的矿井。

如果他们愿意，他手下的矿工可以索赔，但是在他看来，谁都没有责任，谁都没有造成这场灾难，除非是地球母亲。用兰迪的话说："我们的对手是地球母亲，我们在一边，她在另一边，这就是挑战。你的对手强大无比，它比你强大无数倍，而且非常狡猾，你根本别想控制它。"

※　　　※　　　※

这三个人中的每个人——兰迪、乔和吴博士——表现都极为出色，被公认为在成功营救九名矿工中起到了关键的作用。但是，你如果细细考察他们的功绩，会发现什么呢？

你看到，兰迪·弗戈尔充分发挥了主观能动性，不仅想出最好的方法救出马克，而且亲自跳上装煤机，操纵前臂越过汹涌的洪水救人。

你看到，乔斯·巴弗尼发挥了《百战天龙》中的神探马盖先（MacGyver）一般的创造力。在最初与矿工们联系的计划失败后，他迅速构想了一个新计划，甚至想到如何因地制宜地寻找救援材料来实施他的计划。

你看到，吴博士面对急于求成的众人，力排众议，寸步不让。

最后，你还看到，兰迪·弗戈尔抵御金钱的诱惑，固守道德的底线。

但是，你看到了领导吗？

大部分的组织肯定会这样想。当这些组织声称，所有的员工，无论职位高低，都应当成为领导时，它们所指的，往往是这四种行为：主动性，创造性，坚持己见的勇气和道德底线。在某种意义上，它们强调这些行为是有道理的。每个员工都能发挥主动性，发明做事情的新方法，坚持自己的立场，并对自身行动负全责。并且，如果每个员工都做这些事情，组织就会更强壮。

但是，如果他们给这些行为贴上领导的标签，就错了。在我对丘克里科矿难的描述中，你能看到一些优秀人物的英雄行为，但是这未必是在实施领导。我不是说，我突出描写的这三个人不是领导。事实上，一如下文所示，他们当中有一个人肯定是一名领导者。我只是说，我所描述的这些具体行为本身并不算是实施领导。

兰迪·弗戈尔拒绝参与手下矿工们的官司，体现了他的诚信，但这并不能使他成为一名领导，而只说明他是一个诚信的人。诚然，所有的领导者都应诚信，但是我们大家也应如此。诚信不仅是领导者应有的素质，而且是所有的人都应有的素质。

其他三个行为也是如此。如果你发挥主动性，面对多变的情况设计有创造性的解决方案，并力排众议，坚持自己的定见，那你就是一个能力和效力极高的人，并且，会被任何一个组织当成宝贝，但是这并不一定使你成为一名领导者。

那么，以什么界定领导呢？领导者究竟做什么事情，使他们与具有主动性、创造性、勇气和决心，以及诚信的人所做的事情不同？

从我多年的研究中，以下是我发现的唯一令我满意的定义：

杰出的领导者团结群众，为一个更美好的未来而奋斗。

这一定义中有两个关键词，"更美好的未来"。一名领导者的与众不同之处在于，他最关心的是未来。他的大脑中始终有一幅关于未来的生动图景，而这一图景给予他动力。换言之，驱动他的是这一图景，而不是其他目标，例如击败竞争对手，提高自身效益，或帮助别人取得成功。

请你不要误会。一名高效率的领导者也可能喜欢竞争，关注绩效和善于当教练，但是这些特征本身并不能使他成为一名领导者。惟有一种能力使他成为领导者，那就是，团结群众为他所预见的美好未来而奋斗。250 年前，乔治·华盛顿在写给国会的一篇公文中，是这样痴迷地描述未来的：

美国的公民们是世界的宠儿，他们是这片辽阔疆土的唯一领主……战争的胜利结束，使他们获得了至高无上的自由和独立。从现在起，他们将成为一个举世瞩目的舞台的演员，遵循上苍的旨意，上演人间威武雄壮的活剧。

50 年前，肯尼迪在与尼克松的辩论中，这样说：

因此，我认为，摆在美国人民面前的问题是，我们尽力了吗？我们足够强大吗？我们有没有足够的实力，来维护我们的独立，来对那些向我们求助的人们，那些期待我们拯救他们的人们，伸出友谊的手？我要当众宣布，我认为，我们没有尽力，作为一名美国人，我觉得我们的进步太慢。这是一个伟大的国家，但是我认为，它应当更伟大；这是一个强大的国家，但是我认为，它应当更强大……现在到了美国奋起的时候了。

今天，英国首相托尼·布莱尔在 2003 年 10 月的工党大会演说中，这样说：

> 我之所以大声疾呼变革，是因为我对无边的等待感到愤怒，对百废待兴感到急不可耐。我要大家走得更快，更远……让我们无视陈规戒律，抛弃虚假的选择；代之以真诚的选择，无论进退。我只能前进。我的车没有倒挡。

我引用托尼·布莱尔的话，并不是想说明他所看到的未来在客观的意义上是"正确的"未来。我写此书时，大约有一半的英国人支持他，另一半则激烈地反对他。我也不想说，由于"没有倒挡"，高效的领导者在意识到自己犯了错误后，应该拒绝后退和另辟蹊径。相反，惟有无能的领导者才会在明确无误地走进死胡同后，仍然拒绝改弦易辙。

我想说明的简单道理是，领导者为未来而着迷。除非你对现状深怀不满，急不可耐地要求变革和进步，你就不是一名领导者。在与尼克松的辩论中，肯尼迪一遍又一遍地重复一句话：

> 我不满，因为去年美国的经济增长率是世界工业国最低……
>
> 我不满，因为苏联培养的科学家和工程师是我们的两倍……
>
> 我不满，因为我们的许多教师薪酬低微……
>
> 我不满，因为掌管美国最大工会的吉米·霍法①仍然逍遥

---

① 吉米·霍法（Jimmy Hoffa）：1957—1971 年美国卡车运输工会头目，与黑手党有染。1964 年被判犯有欺诈罪，入狱四年。1975 年神秘失踪。——译者

法外……

我不满，除非每个美国人都能充分享有宪法赋予的权利……

"我不满"，这就是一名领导者的标志。一名领导者永远不满现状，因为在他的心目中有一个更美好的未来。"现状"与"未来"的摩擦使他激动，使他奋起，推动他前进。这就是领导。

至此，我所列举的例子都是政治领袖，但是，不言而喻，在任何领域都有真正的领导者，他们对一个更加美好的未来充满了激情和信心。如果一名校长矢志不渝地推动教师们不断创新，来帮助孩子们更好地学习，他就是一名领导者。如果一名教士鼓动他的教民建设一个更虔诚的社区，他就是一名领导者。如果一名商店经理每次与员工开会时，都要表扬前一天为顾客提供优质服务的好人好事，他就是一名领导者。如果一名教练激励球员们超水平发挥，他就是一名领导者。每当有人努力向大家描述一个更美好的未来时，他就在实施领导。

当领导需要什么才干呢？如果经理的核心才干是本能地帮助别人成功，那么，领导的核心才干就是乐观与自信。

领导需要乐观的才干几乎是不言自明的。作为一名领导者，你必须深刻而本能地相信，形势会好转。你要描述一个美好的未来，并不是因为你想充好汉，也不是因为你希望自己能鼓动别人。别人也可能受到鼓动，而且这对你很重要，但是你并不以此为目的。你这样做，是因为你情不自禁，是因为你心目中的未来栩栩如生，历历在目，难以忘怀。你眼前的一切无论多么激动人心，都无法与美好的未来相比。你别无选择，必须尽你的所能将这一切变为现实。

关于这种"别无选择"的乐观，有一个经典的例子，那就是 1940 年 5 月温斯顿·丘吉尔对英国议会的讲演。丘吉尔受命于危难之时，人们期待他率领英国脱险，更有不少人施压，要他与德国议和。波兰、比利时、荷兰、丹麦和法国的相继沦陷使一些人确信德国的闪电战无往不胜。他们说，鉴于纳粹击败英国指日可待，最好的出路是与德国交易：英国承认德国独霸欧洲，而德国承诺不入侵英伦三岛。然而，如果他们企盼一种理性的绥靖政策，他们就看错人了。丘吉尔是一名非理性的乐观主义者，自有主见。

> 你们问，我们的政策是什么？我说，就是在陆地、海洋和空中开战……这就是我们的政策。
>
> 你们问，我们的目标是什么？我可以用一个字来回答，就是胜利。不惜一切代价的胜利——无论多么恐怖，无论路途多么漫长和艰难，因为不是胜利，就是灭亡。
>
> 我充满激情和希望地接受我的任务。我深信不疑，我们的事业绝不会失败。

绥靖或许是理性的政策，但是丘吉尔不这么看。他心目中只有一个未来，那就是纳粹失败，英国胜利。所以，他别无选择。胜利成为他的目标和政策。这一对未来的乐观期待压倒了所有其他的担心，占据了他的身心，命令他去行动。

在此，我并不想证明，所有的领导者都是不可救药的乐天派。有的是，有的则天生一副坏脾气。还有少数，例如亚伯拉罕·林肯，甚至包括丘吉尔本人，时常陷入被他称为"黑狗"的抑郁。

我说领导者是乐观的，其含义在于，无论什么——他们的心情，别人的雄辩，眼前的困境——都不能动摇他们对形势好转的信心。

请你回忆一下工头兰迪·弗戈尔。我描述了他如何发挥主观能动性，跨过洪水去救马克；如何抵御诱惑，拒不参加手下矿工们的诉讼。并且，我指出，主动性和道德诚信本身并不等于领导。但是，我不想给你们一个印象：兰迪不是一名领导者。

我在前文中没有指出的是，在整个灾难过程中，惟有他团结了全体矿工，使他们确信，有人会救他们出去。惟有他在有人怀疑的情况下，强迫大家用废弃的矿渣砖垒起防护墙，以求能多挡住洪水一小会儿。他还在矿工周围挂起防水帆布，遮挡洪水咄咄逼近的景象，以免他们慌乱。面对矿工中弥漫的绝望情绪，他刻意描述救援人员的所有行动细节，为大家打气。以下是兰迪自己的话：

> 我盼望洪水已经涨到矿口，这样他们就能用大型水泵抽水。大伙没完没了地问问题。他们说，"可是，他们到哪里去找这些大水泵呢？他们根本没那么大的水泵。"我说，"现在他们造的水泵可大了，你都不敢信。"他们又说，"可是，他们怎么把它们运来呢？"我说，"他们可以用飞机运。无论用什么方法，他们都会把它们运来的。会来的，别担心。"

这段话可能不像丘吉尔的演说那么雄辩，但又怎么样呢？这不是简单的主动性，也不是简单的道德诚信。这是领导，灿烂而乐观的领导。兰迪深知，他们的处境极其危险，但是他设法保持高昂斗志和乐观精神，团结他的部下，让他们看到一个美好的未来，并为此而去行动：垒一堵墙来迟滞上涨的洪水；挂起帆布，把来势汹汹的洪水挡在视野之外，继而保持冷静；确信救援人员在拼尽全力堵住洪水；像我一样坚信不疑，我们一定能活着出去。

所有这一切都是来自一名领导者的鼓励。

如果你没有这样的感觉，如果你天生就有点麻木，对人类动机和命运诡谲充满疑虑，那你也不必绝望。首先，你往往比乐天派更正确，因为说到底，事情出错的几率要远高于成功。其次，你可以做许多工作，特别是需要某种内在怀疑的工作，例如司法或战略规划。（我在这里有点调侃。）但是，无论你做什么，都不要当领导。如果进行精确的定义，领导的对立面不是被领导。领导的对立面是一个悲观主义者。

这并不是说，顶级的领导者是想入非非的天真汉，对现实视而不见。恰恰相反，顶级领导者在评估眼前的困难时，是冷静而敏锐的。我想说明的只是，尽管他们现实地面对眼前的困难，但他们坚信，他们有能力克服这些困难而不断前进。

这就提出了下一个不可避免的问题：自大。

领导者需要自大，这一点并不是一目了然的。近期的许多著述谈的都是领导者需要谦卑，需要控制自大。如果你留心商业报刊，就会发现有一批因狂妄自大而陷入困境的企业高管们：世通公司的伯尼·埃贝斯（Bernie Ebbers）；Adelphia 公司的里加斯家族（Rigas family）；Global Crossing 公司的佳里·温尼克（Gary Winnick）；安然公司的肯·雷（Ken Lay）；玛莎斯图尔特传媒公司的玛莎·斯图尔特（Martha Stewart）。名单长得令人沮丧，而且还在增加。

然而，无论他们的行为多么可怕，把他们的失足归结为狂妄自大是一种误诊。这些高管之所以名誉扫地，不是因为他们太自大，而是因为他们太缺乏原则。他们太不诚信，而不是太自大。

实施领导的关键不仅是看到一个美好的未来，而且是全身心地认定，惟有你才能使这一未来成为现实，惟有你才能承担起改变现状的重任。在我采访过的众多高效能的领导者中，没有一个人不渴望掌舵，不渴望把握前进的方向。事实上，我们如果回顾历史，就会看到，即使外表温文尔雅的领袖也具有这种超凡的自信，使他们毫不退缩地声明自己的主张。

我们可以回想一下圣雄甘地，从他家中出发，步行 150 英里，前往海边城市 Dandi 煮盐，以此抗议英国强加的盐税。你和我可能担心，我们会孤零零地来到海边，懒洋洋地用平底锅舀起海水煮盐，而引不起任何人的注意。但是甘地不这样想。他深信，当他到达时，成千上万的人会与他汇合。毋庸置疑，他是对的。

我们还可以回想一下圣保罗，他回到耶路撒冷，告诉使徒们，是他，而不是他们，知道耶稣希望为年轻的教会寻求什么，他们应当根据他的教诲，来改变行为，而不是相反。这是多么勇敢，又是多么自大。

"独立"是不是一个比"自大"更好的形容词？也许是。"自信"怎么样？可能也不错。但是"谦卑"？这个词似乎格外别扭。领导者不会设定"谦卑"的目标。他们不会做"谦卑"的梦。他们不会对自身能力做出"谦卑"的评估。"谦卑"与他们所做的一切都无关。

这并不是说，他们认为自己无所不知。恰恰相反，顶级领导者具有很强的专业导向。他们充满了好奇心，时刻在寻找点滴的真知和创新的观点，继而启开心智，掌握战胜对手的绝招。

这也不是说，他们蛮横无理。也可能有少数人这样，但是一如吉姆·科林斯所指出的，大部分最高明的领导者是相当内敛的。

这也不是说，他们目空一切。一名自大的领导者与一个自大狂的区别在于：高效能的领导者用他的自信为一个超越自身的事业服务，而自大狂的事业中没有别人，只有他自己。

但是，这的确说明，领导者志在出类拔萃。他们的自我价值驱动他们去追求和实现功名。

因此，你如果想培养一名年轻的领导者，切勿告诉他把自大降级为谦卑，把梦想稀释，把自信淡化。这样的忠告会使他陷入迷茫和自责。相反，你应激励他更好奇，更好学，继而更生动地描述他心目中的美好未来，然后鼓励他把渴望和雄心化作动力，去实现这样的未来。

领导者必须乐观和自大，这样的结论有助于回答一个多少年来人们争论不休的问题：领导者是天生的，还是后天培养的？他们是天生的，因为乐观的心态只能是天生的。如果一个人不是天生乐观，那么无论后天进行多少"乐观培训"，都不可能使他学会用积极的、充满希望的眼光看世界。通过反复的辅导，你或许能使一个人比以前"少悲观一些"，但是"少悲观一些"与"乐观"不可同日而语，就像"少无礼一些"与"和蔼可亲"不可同日而语一样。为了实施高效能的领导，你必须始终如一地，有时甚至与现实和理性相悖地保持乐观。无论你喜不喜欢，这是学不来的。

自大也是如此。通过悉心培养，你可以使一个人比过去更自信，但是无论你如何努力，都不能使他像顶级领导者一样，傲视天下，志在必得。除非天生,他是学不来的。正如我的一名同事常说,如果他天生不自大,像对一名溺水者口中吹气那样进行后天灌输是徒劳无功的。

这一切都不说明,一个人不能在别人的帮助下,提高领导水平。他当然能。在别人帮助下,他能完善自己对未来的设想,甚至完全改变它,也能使用更有效的方法,向他的追随者们描述这一未来。但是,有的事情别人是无法帮助他做的,那就是看到一个美好的未来,相信它,并认定,要创造这一未来,非他莫属。就此而言,谁也帮不了他。

※　　　※　　　※

如上所述,经理与领导的角色之间存在重大区别。虽然他们各自对于组织的持续成功都是至关重要的,但是他们所关注的焦点是截然不同的。

经理的出发点是员工个人。他观察员工的才干、技能、知识、经验和目标的组合,然后用它们来规划一个具体的未来,使当事人能成功。员工的成功就是他关注的焦点。

领导看问题的角度则与此不同。他的出发点是自己对未来的想像。他所讲述、思考、斟酌、设计和完善的,就是一个美好的未来。他有了这样一个清晰的想像,转而说服其他人,他们能在他所描述的未来中取得成功。但是,无论他做什么,未来始终是他所关注的焦点。

当然,你可以扮演两种角色,但是你如果这样做,就必须知道什么时候"换挡"。当你想实施管理时,就从员工个人开始。当你想实施领导时,就从对未来的想像开始。

以下两章里,我们将讨论如何最有效地扮演这两个角色。在此,我们将讨论一些技能,供你学习和完善,继而更好地发挥你的管理和领导才干。

第三章
优秀管理的一定之规

优秀管理的基本功

"哪些技能能帮助你避免失败？"

掌握关于优秀管理的一定之规固然重要，但这并不是说，我们可以无视一些基本功。因此，让我们先来谈谈四种技能。你如果不想当一名失败的经理，就必须掌握它们。

第一，你必须把人选对。俗话说，"嫁鸡随鸡，嫁狗随狗。"招聘也是如此。显然，这并不是说，你不能帮一个人学习和成长，而是说，当你招聘一个人时，这人已经具备某种可以预测的情感、学习、记忆和行为模式。如果这些模式你不喜欢，你就不得不做出巨大的努力来消除它们，然后代之以新的模式。而鉴于这些功夫本来应当花在更有用的地方，所以，你在为你的团队招聘新成员时，务必慎之又慎。

有的经理声称，他们没有时间挑选合适的员工。他们说，我现在有一些空缺的岗位，必须尽快找到新人。优秀经理们深知这样做是多么愚蠢。他们深知，要建立一支优秀的团队，时间是不能谈判的。你肯定是要花时间的，关键的问题在于花在哪里：是花在开头，用来仔细地把人选对；还是花在结尾，不遗余力地把招来的人改变成你最初想找的人。

当优秀经理说,"我喜欢你现在的样子,"他们是当真的。而当平庸的经理说这话时,他们的意思是,"等我把你改造完后,我会喜欢你那时的样子"。作为一名经理,你如果想开局顺利,就必须避免这样的空想,而花足时间,选拔一个已经具有你所看重的才干的人。

你怎样做到这一点呢?鉴于人性复杂无比,世上并没有百发百中的"银子弹",但是有一些指导思想是可以用的。

首先,你必须了解,你需要的是什么才干。你需要什么样的人,好胜,利他,专注,进取,创新,还是善于分析?

你可以问一些开放的问题,同时牢记自己想听什么样的回答。我曾问过米切尔·米勒,对于管理,她最喜欢什么。我知道自己想听到的回答类似"帮助别人成长和发展"。

你在问开放题时,要特别关注对方脱口而出的回答。对于我问的开放题,米切尔脱口回答,"我喜欢帮助别人成功"。这话很重要。她并不知道我想听什么,而且她可以做出其他许多可以接受的回答,例如,"我喜欢设计有创意的解决方案"或"我喜欢建立高效能的团队"或"我喜欢解决问题",而且这些回答都有助于我了解她。但是她没有这样说。在没有提示的情况下,她直言不讳地回答,"帮助别人成功"。这就是她脱口而出的回答,而我能用它来预测她未来的行为。

其次,你应关注回答的细节。传统的信条是,过去的行为最能预测未来的行为。但是,这话没有说全。惟有经常性的过去行为才能最好地预测未来行为。为了识别经常性的过去行为,你必须关注,对方做你所问及的事情有没有具体的例子,包括时间和地点这样的细节。例如,你如果想知道他是不是一个很有条理的人,那就问他如何安排自己的生活来提高效率。如果他能告诉你一个时间明确的例子,就值得你注意。然而,如果他只是大而划之地空谈一通条理是多么重要,你也无需追问细节(你问的每个问题都会告诉他,他的回答与你的期待不符),而可以记录在案,条理和效率不是此人日常生活的模式。如果情况相反,这一模式就会时时处处显现,并且,无论你何时间他这个问题，他都会轻而易举地从近期的回忆中举出一个具体的例子。

优秀管理的第二个基本技能是：提出明确的要求。

鉴于我从未见过一个既迷茫，又高效的员工，而且我想你也没见过，我可能无需赘述提出明确要求的重要性。我们都认识到，混乱和迷茫会干扰任何事情，无论这是效率与目标（你如果不知道目标是什么，又怎能区分什么是走捷径，什么是误入岔道？）团队与合作（你如果不知道你自己应当做出什么贡献，又怎能珍惜别人的贡献？），还是自豪与满足（你如果不知道如何衡量你的成功，又怎能产生成功感？）。

然而，尽管人们都要求定义明确，但是大部分经理往往做不到。研究表明，仅有不到50%的员工认为，他们知道对自己的工作要求。很显然，虽然所有的经理都知道提出明确的要求至关重要，但是他们大多数不予落实。

有人断言，这种四下蔓延的混乱源自当今社会的快节奏，但是他们错了。我曾经与高技术行业的团队一起工作过，在他们的领域，产品的半衰期是用月来计算的，但是，每一名员工都毫不含糊地声称，他们知道对自己的工作要求。另一方面，我还见过一些团队，它们的员工从事更易于规范的工作，例如前台接待或送货的卡车司机，然而，谁也说不清他们该做什么。我甚至见过两个团队，它们的工作完全相同，而且工作场所仅一墙之隔，可是一个团队中，90%的员工知道对自己的工作要求，而另一个团队中，只有15%的员工能做到这一点。

面对这种基层的差异，唯一的解释是，经理是问题的根源。有的经理在讲明任务，而有的却在制造混乱。

那么，优秀的经理们是怎么做的呢？他们如何将来自上层的压力和决策过滤，然后从中提炼出清晰的短期目标和测量指标？要总结他们的经验，其实只要一个词，就是他们"始终"这样做。就设定目标而言，他们不是一年做一两次，以此满足公司的要求，而是每年至少与员工见四五次面，评估绩效，提供咨询，并集思广益地修订计划。

他们从招聘员工开始，经常单刀直入地问对方："你认为公司雇你来做什么?" 其后，他们在几乎每次会面、谈话和演示中，都要继续界定要求。他们每次与手下的员工谈话时，都会抓住机会把要求说得更清晰。他们这样做时，非常注意策略，根据员工的特点调整语气，以免给对方不满意和不信任感。

第三个基本技能是表扬和认可。奥布雷·C. 丹尼尔斯（Aubrey C. Daniels）在他所著的《让每个人出彩》（Bring Out the Best in People）中，详细阐述了这样的理论：每一种行为都有一个后果，而后果将在很大程度上决定当事人会不会重复这一行为。他说，后果有多种形式：正面或负面，未来或当前，确定或不确定。在这种种可能的后果中，最没有影响力的后果是不确定的、未来的和负面的。而最有影响力的后果与此相反，它们是确定的、当前的和正面的。此说的寓意十分丰富，例如，它有助于解释为什么要劝一个人改吃健康食品是那么难。因为拒绝改变的后果——过几年你就可能严重超重，而过了几十年，你就可能死于肥胖引起的各类疾病——毕竟远在天边，而眼下吃一块甜饼的味道是如此确定和诱人。

丹尼尔斯基于这一理论，提醒我们，为了让每个人出彩，我们必须对他们的行为后果进行管理。如果我们希望他们重复某种行为，我们就必须确保这种行为会导致确定、当前和正面的后果。简言之，我们必须成为这样的经理：能及时识别优秀的行为并予以表扬。

不幸的是，尽管这道理不言自明，但是我们大部分人对此视而不见。盖洛普公司、美国管理协会和 Towers Perrin 公司[1]等组织所进行的各类研究表明，只有不到三分之一的被访者称，他们经常因工作出色而受到表扬。这说明，要么他们的某件事情做得漂亮，却没人表扬；要么他们最近的表现平平，不值得表扬。毋庸讳言，无论实情如何，这都不是好事。

相比之下，关于表扬的威力，优秀经理是不需要别人提醒的。他们似乎本能地意识到，表扬不仅仅是对优秀表现的一种反应，更是优秀表现的起因。他们深知，说到底，演员的表演如何取决于观众。而鉴于表扬是一种具有创

---

① Towers Perrin 公司：全球著名人力资源管理咨询公司。——译者

造性的行动，优秀经理们说，你根本不必担心对某人表扬过度。只要一个人的表现足够好，你就不会把他夸过头，以至于失去诚意。任何一件工作，要出类拔萃都非一日之功，而是反复实践、不断进步的结果。作为一名经理，你的工作就是关注这些点滴的进步，并及时表扬。你如果能做到这一点，当事人就更可能重复这些行为，继续执着地朝绩效的高峰攀登。

另一方面，如果你对优秀行为视而不见，并错误地认为表扬会使员工自满，那么，天长日久，你就会发现这样的行为越来越少。员工如果做出某种行为后遭到冷遇，就会改变行为，以求得到你的某种反应——即便不是好的反应，坏的反应也行，总比被你置之不理要强。说真的，如果你手下的明星员工开始躁动，就表明，你在无视那些恰恰在最初使他们成为明星的行为。

因此，你如果想激发你的员工做出优秀的业绩，就必须把及时表扬融入你的管理风格，使它成为持续的、可预测的和确定的行动。

管理的最后一个基本技能有点说不清：你必须关心你的员工。我倒想用一种定义更清晰和更有形的技能来代替它，但是研究数据不允许。大量研究表明，员工如果觉得工作单位有人关心他们，就会提高效率。事实上，这些研究所证实的，不仅仅是关心与效率之间的因果关系。它们还发现，被关心的员工缺勤率、事故率和索赔率都更低，他们更不易发生偷窃行为，更少离职，而且更愿意对朋友和亲戚夸赞自己的公司。无论你用什么方式来测量绩效，使员工感到被关心都是重要的驱动力。

人类是群体动物，我们热衷于交朋友。把我们和其他人放在一起，我们就会本能地寻找共同点，以便交流。说真的，我们对交友的需求无比强烈。一些关于美满婚姻的研究表明，对于那些在大学里择偶的人来说，决定我们与谁结婚的最重要的因素并不是专业、信仰、种族或社会经济地位相同，而是住在同一幢宿舍楼里。显然，由于强烈的交友欲望，如果你迫使我们住得很近，我们当中就有一些人会成为夫妻。

因此，交友是我们的天性。当我们交友时，会产生各种良好的结果。我们会感到更安全，更愿意与别人分享我们的秘密，更愿意担风险，更愿意相互支持。作为一名经理，你如果想取得这些结果，就必须率先交好你自己的朋友。对此，你应慎重思考，然后对你的员工直言相告，你关心他们。告诉他们，你希望他们成功。帮他们保守秘密。了解他们的个人生活，并想方设法帮他们把生活与工作协调好。

这一切并不是说，优秀经理对他们的员工放松要求。恰恰相反，优秀经理对于后进员工从不迁就，这恰恰是因为他们希望每个员工都能成功。并且，他们在内心深处无法容忍他们所关心的人在平庸中混日子。虽然这听起来有悖常理，但是有爱心的经理对于低绩效从不手软。

因此，为了实施高效的管理，你就必须真诚地关心手下每个员工的福利和成功。你如果做不到——你如果更喜欢完成井然有序的项目，而不是应对人们反复无常的情感需求——那就别装。假装关心比不关心还要糟。不如像我那样，尽早脱开管理。

选好人，提出明确的要求，认可和表扬优秀的表现，关心你的员工，这就是优秀管理的四大基本技能。你只要把它们都做好，就不会把经理当砸。然而，你即使把它们都做好，也不能确保成功。你如果想当一名成功的经理，就必须具备一种完全不同的技能。

优秀经理下象棋

"优秀管理的一定之规是什么？"

快速抢答：跳棋与象棋的主要区别是什么？

请你先别往下读。先想一想，主要区别是什么？

我在培训中问到这一问题时，最常见的有两种回答："象棋更难"或"象棋更战略。"当然，两个回答都对，但都不能令我满意。它们并没有解释区别的实质。到底为什么象棋更难、更战略呢？

如果你对管理有一种天生的才干（或对象棋有所了解），那我就敢打赌，你能迅速找到正确的答案。跳棋与象棋之间最主要的区别是，跳棋子的走法完全相同，而象棋子各有各的走法。因此，你如果想成为象棋高手，就必须了解每个棋子各自不同的走法，然后将它们融入你的整体进攻计划。

管理的游戏也是如此。平庸的经理对他们的手下下跳棋。他们认定（或希望）他们的员工动机相同，有相同的目标，喜欢相同的人际关系，用相同的方式学习。

他们可能不会像我这样，把话说得那么直白，但是他们的管理方式使他们露馅儿。当他们对员工提要求时，他们会不厌其烦地界定他们希望看到的行为。当他们辅导员工时，他们会关注每个员工的弱点，然后要求他们下苦功予以克服，直到将弱点变为强项。当他们表扬员工时，他们最喜欢的是这样的人：他们下足了苦功，用预先设定的行为来取代自身的天然风格。简言之，他们认为，经理的任务就是重塑每个员工，使他们成为每个岗位上的完人。

优秀经理则不同。关于优秀管理，所有的优秀经理都知道的一定之规是：

发现每个人的与众不同之处，并加以利用。

他们深知，即使用同一种才干或胜任力的标准挑选员工，由于人性的空前复杂，这些员工之间的不同之处也会大大超过相同之处。我这里所指的并不是种族、国籍、性别或信仰的不同。这些不同固然存在，但是就帮助员工提高绩效而言，它们无关宏旨。你如果对这些差异表示宽容，可能会赢得一些人的好感，但是此举未必能帮助你提高绩效。

我所关注的，是个性的不同。你的员工将在许多方面各不相同，这包括他们如何思考，如何建立人际关系，如何学习，他们是不是乐于助人，他们有多大耐心，他们想成为一个什么样的专家，他们怎样才能准备好，他们有什么动机，什么带给他们挑战，他们有什么目标，等等。这些行为模式和才干的不同如同血型，它们超越种族和性别，体现了每个人最核心的差异。

绝大部分这样的差异是持久而难以改变的。所以，既然作为一名经理，你最宝贵的资源是你的时间，那么，要进行时间投资，最好的办法就是准确识别每个员工的特点，然后像下象棋一样，设法将这些差异最有效地融入你的整体行动计划。

我们越听优秀经理的讲述，就越明白：优秀管理不等于改造——你如果想把每个岗位上的员工都改造成预先设定的完人，就会既伤人，又害己。优秀管理的核心是释放，是不断调整环境，帮助每个员工自由地发挥其独特的风格，满足其独特的需求和做出其独特的贡献。

作为一名经理，你的成功几乎完全取决于你做这件事的技巧。为了充分了解这一技巧，你不妨看看沃尔格林公司的情况，尤其是地处加利福尼亚州雷东多比奇，由米切尔·米勒所管理的第 5581 号分店的情况。如前一章所述，米切尔获得了开办沃尔格林第 4000 家分店的殊荣。我之所以宣扬她，不仅是因为她干本行是如此出类拔萃，而且因为她成功地发挥每个员工的特长，尽管她所服务的是一家超大型的公司，习惯于要求每个员工根据细心界定的角色对号入座。当然，沃尔格林高层允许她自由地对每个员工的特长加以利用，也说明他们非等闲之辈。而她做这事如此高明，则说明她非等闲之辈。

在沃尔格林的铺子里遛一圈

"一名顶级经理是怎么做的？"

你如果想体会一下当今经理所承受的种种压力，那就与一名商店经理一起，到他的铺子里遛一圈。你选哪家铺子其实无所谓——可以是家得宝（Home Depot）、沃尔玛、沃尔格林的一家分店或你家附近的超市——但是你只要与铺子的经理待一会儿，就会很快意识到（如果你原来不知道的话），一个现代的经理要扮演多少角色。营销、运营、销售、库存管理、人力资源、信息技术，样样都要管。

我与米切尔在她的小办公室里谈了半天理论，现在要跟她到现实世界去看一看了。

我建议："让我们到店里走一走。我想通过你的眼睛看看它。"

我们一走进商店，她就变了一个人。在办公室的时候，她很放松，随意，笑容满面，可一踏进商店，她就变成了一名超级的商店经理，执着，警觉，挥洒自如，就缺一身大袍子。

"瞧这里，"她指向一瓶标价 1.69 美元的 Gatorade①。在我看来，商品摆放得无懈可击，可她说："这不对，错过机会了。我们应当两瓶卖 3 美元，因为没有人会只买一瓶 Gatorade。所以我们应当根据顾客的购买习惯来推销商品。再说了，我知道两瓶卖 3 美元，我们还能赚钱。"

我们继续往前走。

"瞧这里。所有的卫生纸卷都沿着货架的前沿码放整齐，而且它们的标签都面对顾客，真是摆得无可挑剔。肯定是杰弗里干的。我知道昨晚他在这条道上班。"

我们绕过一个角落，看到过道当中乱放着几个盒子。

"肯定又是达恩，"她压低嗓门说。接着，她提高嗓门喊道，"吉诺阿！吉诺阿！能不能把这些玩意儿搬到储藏室去？就现在。谢谢你！"

她的眼光落在另一个货架的顶头。

"你瞧见这儿了吗？"她指向一些摆放得很漂亮的去毛用具，一种是女用的，叫 Finishing Touch，另一种是男用的，叫 Micro‑touch。"我要为它们找一个更好的地方。我从电脑系统中得知，它们在其他沃尔格林分店中卖得很火，但是，不知为什么，在这里却卖不动。我们必须给它们换个地方。现在，我还没想好该换到哪儿。我要好好想想。"

我们来到最后一条过道。

"整条过道的商品这一周都得重放。夏天就要来了。夏天，人们都会到户外活动，而他们在户外乱跑时，就容易受伤。所以我们要在这里摆上急救物

---

① Gatorade：一种运动饮料。——译者

品：创可贴，绷带，消毒软膏。你如果下周再来，就会看见整个过道的货架都摆满这些东西。"

我问她，这么多头绪她如何记得清。

"管铺子就得这样，"她不假思索地回答。"你眼里得有活。你得盯着你的店，你的顾客，你的商品，还有你的部下。细节决定一切。你如果看不见它们，你如果每天进店时都戴着眼罩，那你就永远做不好，知道吗？"

我问她，所有这些细节中，什么对她最重要，最占她的时间。

"排班。"她回答。

"真的？"这可不是我所期待的回答。

"是的。无论我做什么别的事，如果我把不该在一起的人排在一个班，一切都会乱套。我必须把每个班的人选对，让他们和睦相处，优势互补。我管它叫'发现每个人的绝招'。我只要做对这件事，其他问题就迎刃而解。"

鉴于在我孤陋寡闻的眼中，她的分店似乎管理得格外有序，我便请她举个例子：她到底是如何根据每个人的绝招来排班的呢？

于是她向我讲述了她如何发挥两名员工的独特优势的故事，一个是杰弗里，另一个是吉诺阿。

说真的，她差点没雇杰弗里。他是一个 Goth rocker①，剃着阴阳头，一边溜光，一边长发下垂，遮住半边脸。他穿一件白衬衣，系一条细细的黑领带，有点魂不守舍的样子。面试时，他刻意避开她的目光，眼珠乱转，不安地四下打量。

"但是他想上夜班，所以我想，嘿，没准这小子能行。与他共事几个月后，我发现他还真有绝活。如果我派给他一个大而划之的任务，比如'检查所有的货架，把商品放齐'，他就会花整个夜班做这事，而实际上这用不了两小时。而且即使做完了，也不怎么样。但是，如果我把任务说得很具体，比如'把圣诞节彩台搭起来'，他就会做得又好又快，而且做完后，精神抖擞地

---

① Goth rocker：行为和穿着怪诞的另类人群，其称呼源于美国的一支另类摇滚乐队。——译者

向我要新任务。你知道，布置圣诞节彩台是一件繁重而复杂的任务。你必须把它们布置得十分对称，然后放上合适的商品，而且一丝不苟地挂上标签，签上字，面向顾客。但是他每次都干得无比出色，而且一天就搞定"。

给杰弗里布置一个笼统的任务，他会一筹莫展。但是，如果给他布置一个要求他动脑筋去精确实施的具体任务，他就如鱼得水。由此，米切尔认定，这就是杰弗里的绝招，就是他能对分店做出的最大贡献。因此，一如所有的优秀经理，她告诉他，她发现他有什么"一招鲜"，并且就此夸奖一番。

一般的优秀经理通常到此为止。但是一如所有的顶级经理，米切尔是一个放大器。她不满足于仅仅赞赏每个人的绝招，而是不断寻找机会来加以利用。因此，她一边思考店里要完成的各项任务，一边设计一个新的工作分配方案，来更好地发挥杰弗里的作用。

在每家沃尔格林分店里，都有一项工作，叫做"换货和调整"。"换货"就是把整个一条货架换成新的商品。这项工作大约一个月做一次，通常与顾客购买习惯的变化相重合。例如，到了夏末，沃尔格林公司的总部就会发出通知，要求各分店把出售防晒霜、晒后护肤霜和润唇膏的货架改放抗过敏药物，因为众所周知，秋季是过敏高发季节。这就是一次"换货"。

"调整"与此相似，只是规模较小。例如，用新出厂的改良型牙膏替代现有的牙膏；在货架的顶头展示新系列的短裤；把各种低脂的糖块集中展示；等等。虽然与"换货"相比，"调整"每次费时较少，但是发生的频率却高得多：每条货架每周至少需要"调整"一次。

在沃尔格林的商店里，通常是一名员工全权负责一条货架。他们在各自的地盘里，不仅要为顾客服务，而且负责摆放商品，保持地面整洁，给所有的商品编码，并及时"换货和调整"。显然，这样安排是有一些优点的：简明，高效，使每个员工对自己负责的地段产生个人的责任感。米切尔虽然并不否认这些优点，但她认定，如果能重新分工，更好地发挥杰弗里的绝招，效果会更好。

鉴于杰弗里喜欢完成具体的任务，她决定改变他的工作，让他专门实施具体项目，而在一家沃尔格林店里，这主要是换货和调整。他将负责全店的换货与调整。这可不是一件轻活——仅仅一周的调整就需要一本三英寸厚的手册来记录，要求杰弗里把上班的所有时间都用上。但是，出于三条理由，米切尔认定，对工作分配动大手术值得尝试。首先，杰弗里受到新任务的激发，继而对工作更投入。其次，反复实践会使他精益求精。最后，由于杰弗里承担了所有的换货和调整，其他员工就能腾出手来更好地接待和服务顾客。她想，这是一件五赢的好事：杰弗里会赢，其他员工会赢，顾客会赢，她自己和沃尔格林都会赢。

商店的绩效证明她是对的。经过她的重组，不仅销售额和利润增长，而且最重要的绩效指标——顾客满意度在提高。其后四个月里，她的分店在沃尔格林公司所实施的神秘顾客检测中，得了 100 分。

看起来，一切都很顺利。但是，很可惜，好景不长。这一把员工特长与工作完美结合的方案虽然很高明，但是它取决于杰弗里安心做分配给他的工作。可是，令人讨厌的是，他很快就不安心了。在换货和调整的工作上取得成功后，他的自信心大增。过了六个多月，他开始觉得自己应当为第 5881 号分店作更大的贡献，他现在想干管理了。

面对杰弗里这样的期望，米切尔既不灰心，也不气恼，只是感到好奇。她密切关注杰弗里的进步，认识到，如果定位准确，指导得法，他说不定真能成为一名称职的经理。她认定，他始终会是一名爱动脑筋的，谨慎而周到的经理，而不会太煽情，但是她觉得，这样的经理在沃尔格林的广阔天地里也会有用。

于是，她把他提拔为助理经理，而此举完全颠覆了她原先精心设计的工作分配方案。杰弗里提升后，谁来负责换货和调整呢？她手下的员工里，还有谁像杰弗里那样爱动脑筋，喜欢具体任务呢？一个都没有。既然如此，她下一步该怎么办？她是应当雇一名新人来完成杰弗里原来的任务，还是干脆回到原来的标准方案，让每个员工负责自己区域的换货和调整？

对于这些问题，米切尔并不感到意外。她并没有一大早醒来，然后说，见鬼，我有麻烦了。一如所有的象棋高手，她连想了好几步棋，所以当杰弗里告诉她想提升时，她有料在先。

我在前面提到一个名叫吉诺阿的员工，她负责化妆品区。米切尔对吉诺阿寄以厚望。根据她的观察，吉诺阿可谓文武双全。她不仅能使顾客感到宾至如归——她记得他们的名字，恰到好处地提问，接电话时既热情又得体——而且有"洁癖"。她所负责的化妆品区始终井井有条，一尘不染，给人一个十分"性感"的整体印象。面对她的货架，你禁不住想伸出手去触摸那些商品。

但是，这里也有一个问题。米切尔想要吉诺阿在全店发挥特长，但是她知道，吉诺阿与她的顶头上司金百利不和。如果放任自流，她俩就会天天争吵，不务正业。于是米切尔决定干预。

"我想，既然两人不和，金百利就不是培训吉诺阿的最佳人选。我要把吉诺阿调出现在的部门，然后培训她做更能给她满足感的工作，因为我要她在几个月后成为一名高级美容顾问，同时提拔金百利为助理经理。"

现在让我们停下来想想。你听明白了吗？在这个案例中，米切尔手下有两个渴望发展的员工，如果包括杰弗里，就是三个，其中两人不和；每个人都有独特的才干和需求组合，要完成一系列的任务；而且经理在关注他们的发展和绩效的同时，还要悉心伺候源源不断的挑剔而多变的顾客。

你如果有管理的才干，就会熟悉这种复杂而多变的局面，甚至为此而激奋。但是，你如果没有才干，那你就会像有些人一样，面对管理的挑战而束手无策。

米切尔的对策既高明又简单。她决定把吉诺阿从金百利手下调开，然后特意根据她的双重才干设计一个独特的岗位。为此，她将杰弗里所承担的换货与调整的工作一分为二，将调整的任务交给吉诺阿，以便她在全店发挥摆放商品的绝招。但是，她不想因此而闲置吉诺阿在顾客服务方面的天分，便要她在 8:30 至 11:30 专做调整，然后，当顾客利用午饭时间大批光顾时，专注于接待和服务。

杰弗里继续负责换货。通常情况下,助理经理在店内并没有固定的任务,但是米切尔想,杰弗里如今对撤走一货架的商品,然后全换新的,已经得心应手,所以在五小时的一班里完成一次大换货,对他应当不是难事。

就这样,米切尔完成了又一次"五赢"。她给吉诺阿加了担子,继而不必时时调解她与金百利的争吵。她让杰弗里继续展示他换货的天才。而顾客们则更喜欢一个布置更漂亮,管理更有序的商店。结果,5881 分店再次在沃尔格林公司的评比中名列前茅。

你在读到此书时,米切尔对吉诺阿和杰弗里的分工可能已经过时,而米切尔又在设计其他同样有效的方案。她的这种随机应变、不断调整外部环境,以便最好地利用每个员工的独特才干的能力就是优秀管理的核心。

优秀经理是浪漫的

"因人而异好在哪里?"

这一题目的含义可能与你所想不同,不过你很快就会明白我用意何在。

就目前而言,我有点担心,怕你以为米切尔创造性地调整员工的分工是亡羊补牢之举:她如果一开始选拔全面发展的员工,就不会被迫做出调整,来弥补他们的先天不足;说到底,充分利用员工的独特才干并不是优秀经理的首要技能,而是一个经理因为不会选人,不得已而为之。

这真是大错特错。优秀经理之所以利用每个员工的独特才干,不是因为他们招聘的都是平庸之辈,而是因为他们深知,即使他们手下的员工个个都是旷世奇才,也要实施个性化管理。我把米切尔的成功描述为"五赢",实际上是没说够,其实还有其他的好几赢。

首先,不言而喻的是,发挥每个人的特长能帮你节省时间。即使最天才的员工也不是样样精通的。低效能的经理关注弱点,不遗余力地纠错补缺。米切尔可以花无数的时间,来训练杰弗里记住顾客的名字,对他们笑脸相迎,与他们交朋友，但肯定收效甚微。与其如此，她还不如花时间考虑如何调整他的工作，使他少做这些他不在行的事，转而多做那些他天生就善于做的事。同理，她可以花很大气力来辅导吉诺阿搞好与她顶头上司的关系，但是既然此举未必能有好结果，她为什么不对两人的分工略作调整，继而帮助她们摆脱摩擦？

其次，发现和利用每个人的特长会使他们更负责。米切尔不是仅仅夸奖杰弗里完成具体任务的能力，而是激励他以此为基础，不断为商店作贡献。她要求他认可自己的能力，并通过不断的实践来持续加强它。简言之，她要对杰弗里说的话就是，"如果这就是你的绝招，那我就要你每天拿出你的绝招，做出你的绝活来"。显然，这也是她对所有员工说的话。由于每个员工都感受到相同的压力，要各自做出自己的绝活，她所管理的分店月月年年持续出彩，就不足为奇了。

再次，发挥每个人的特长有助于增强团队的凝聚力。这听来虽然有悖常理，但你如果深入思考，就会发现它言之有理。最高效的团队是建立在相互依存的理念之上的。"相互依存"是一个枯燥的字眼。你如果深入探究，就会知道，它的真实定义是每个团队成员都为其他成员着想。"我需要你，依靠你，看重你，因为你会做我不会的事。而你对我有相同的感觉，因为我会做你不会的事。"作为经理，你通过识别、强调和夸赞每个人的特长，就能增强这些情感，使员工相互需要。有一句老话："团队（TEAM）里是没有我（I）的。"可迈克尔·乔丹说过："赢（WIN）里就有。"

最后，利用每个人的特长迫使你突破故步自封，继而健康地改变现状。你重新洗牌，改变现有的秩序——如果杰弗里负责全店所有的换货和调整，他是否应当获得比一个助理经理更多或更少的尊敬呢？你改变关于谁该干什么的前提——如果杰弗里发明了一些新方法来为一条货架换货，他需要别人批准吗？还是能自己干？你改变关于谁是专家的观念——如果吉诺阿发现，她摆放新商品的方法比沃尔格林总部的指示更高明，你应当让她自行其是呢？还是强迫她放弃自身的高见，服从上层的专家？

对于这些问题，可能没有唯一正确的回答。但是这些问题无疑都将挑战沃尔格林公司现行的清规戒律，而沃尔格林公司面对这样的挑战，将变得更好学，更聪明，更有生气，并且，尽管它身躯庞大，也能做到更善于趋利避害，持续发展。

当你利用每个人的特长时，你就能推动他们出类拔萃。而当人们创造佳绩时，他们不仅站得高，而且看得远。鉴于他们对于一个特定的领域驾轻就熟，他们就能对这一领域深入探究，获得更多的真知灼见。谁又能说准，他们会有多少打破常规的发现？你最后可能不采纳他们的发现，但是，你如果是一名优秀的经理，就应当对他们的发现来者不拒。

尽管因人而异有许多优点，但是怀疑者还会说："即便如此，你会不会过于看重人们的特长？对一个组织来说，最重要的不是让每个员工都有机会自我表现，而是完成它的使命。而为了完成使命，你就不可能照顾到每个员工的独特需求。"

在这一点上，怀疑者们碰巧说对了。历史上有的是这样的人，他们被自己的怪癖个性一叶障目，顾影自怜，完全忘掉了对社会的贡献。一些最离奇的例子发生在英国。牛津大学历史学家希沃多·泽尔丁（Theodore Zeldin）在他所著的《人类亲密史》（*An Intimate History of Humanity*）中，描写了几个格外精彩的例子："波特兰伯爵五世是一名羞涩到了病态的人。他甚至拒绝医生进入寝室，而要他站在屋外诊断，通过一名仆人传话和测体温……约翰·克里斯蒂在自己的 Glyndebourne 家中修建了一座私人歌剧院，要求所有人都着正装，而他自己常穿一双旧球鞋。他经常叫错客人们的名字，死前甚至想为做伴的爱犬专门修建一个餐厅。"

你该如何判断，是继续努力利用一个人的特长呢？还是认清这个人的怪癖，及时进行损控，另请高明呢？

鉴于每个人的处境都是与众不同的，对此没有唯一的回答，但是有一个明显的参照点。如果一个人对组织做出重要贡献，那就值得改变现有的秩序来适应他的特点。如果他不是这样，那就无需这样做。因人而异的目的并不是听任每个人都耍孩子气，而在于帮助他做出最大的贡献。如果他没做贡献，那就别浪费大家的时间，趁早让他走人。正如我的一位前同事所说，明星与失业的混混之间只有一条细线，就是业绩。

然而，优秀经理一边关注个性化与绩效之间的关联，一边又为每个员工的特长而着迷，这不仅仅是因为特长驱动绩效，而且是因为他们对此情不自禁。这就解释了本节的题目："优秀经理是浪漫的。"这倒不是说，所有的优秀经理在看汤姆·汉克斯与麦格·瑞恩合演的电影时都会动情——虽然他们可能这样［谁不喜欢《西雅图不眠夜》（*Sleepless in Seattle*）呢？］毋宁说，他们的浪漫就像 19 世纪的诗人，例如拜伦、雪莱和济慈。我们不妨再引用一段希沃多·泽尔丁的话："浪漫派人士声称，每个人都用一种独特的方式组合人性，而我们都应当用各自的生活方式来表达个性，就像一名艺术家通过其独创的艺术来表达自己一样。浪漫派能感受到其他人的个性，并认为这一个性神圣不可侵犯，这不是因为当事人多么重要或权威，而是因为这个人独一无二……（他们）把每个人都看得与众不同，就像万紫千红的花园或鱼群荡漾的湖泊一样多姿多彩；而每一棵花草和每一条鱼里，又有一个新的花园和一片新的湖……"

一如浪漫派的人士们，优秀经理为每个人的个性所深深着迷：为什么要杰弗里笼统地整理货架时，他会厌烦，而要他换掉维他命的全部货架时，他会热情高涨？有的人对这些个性的细微差别视而不见，还有人为此而一筹莫展，但是在优秀经理的眼中，它们就像七色的彩虹一样历历在目，令人神往。他们无法将此置于脑后，就像他们无法忘却自身的需求和欲望一样。

当然，有人会问，发挥个人特长究竟是能后天学会的技能，还是先天的才干？答案是两者都有一点。一如所有的优秀经理，米切尔·米勒有一种超乎寻常的能力，来识别手下每个员工与众不同的风格、需求和期望。我在上文重点介绍了她对杰弗里和吉诺阿的洞察，但是我想告诉你们，我们在一起的时候，她通过自己的眼光和描述，帮助我认识了其他许多各不相同的员工。她的描述既生动，又精确，堪与一部狄更斯小说里的人物相比。米切尔的这种能力可谓炉火纯青，以至于我敢打赌，她能识别、区分和利用手下四五十名员工的特长。

如上所述，如果教练的本能是优秀经理所需要的第一才干，那么，识别个人特点的能力就是第二才干。说到底，你如果不能识别一个人的特点，遑论如何去利用它。

那么，你怎么才能判断，你自己（或别人）在一定程度上具有这一才干呢？最简单的方法是问自己一些问题，例如：

- 你是如何激励一名员工的？
- 你多久与他见一次面？
- 什么是表扬一名员工的最好方法？
- 什么是辅导一名员工的最好方法？

请你稍停片刻，思考一下自己的回答。

如果你对上述每个问题的回答是，"一切取决于员工是一个什么样的人"，那就表明你很可能具有某些个别化认知的才干。这当然是好事（特别是就你的经理职责而言）。但是，你有这一才干并不等于你会有效地使用它。说真的，鉴于许多组织对于利用每个员工的特长毫无意识，你的大部分个别化认知的才干很可能被闲置。

所幸的是，如下文所示，你可以通过学习，获得一些技能和高见，继而完善和加强这一才干，并把它融入你的管理实践。

三个杠杆

"要想管好一个人，必须了解哪三件事？"

尽管浪漫派说得对，每个人都"像万紫千红的花园或鱼群荡漾的湖泊一

样多姿多彩；而每一棵花草和每一条鱼里，又有一个新的花园和一片新的湖"，但是，你如果对每个人无穷尽的个性特点都痴迷得不能自拔，就不可能做好管理。在这里，你必须提防收益递减的规律。你固然要了解一个人的个性特点，但必须知道见好就收，及时对一个人做出判断，然后思考如何帮助他取得绩效。

那么，什么时候见好就收呢？很显然，这要因人而异，但是，你如果想有效地管理一个人，至少有三件事你必须了解。它们就像三个杠杆，由你来拉动，继而帮助这个人取得绩效。首先，你必须了解他有什么优势和弱点；其次，他有什么"扳机"；最后，他有什么独特的学习风格。你如果能准确识别这三个杠杆，就有了足够的信息，可以开始下象棋了。

优势与弱点

对于一名经理来说，识别一个人的优势和弱点是最基本的要求，就像画家必须识别调色板上的几种原色一样。这并不是说，识别一个人的优势和弱点始终易如反掌——事实上，鉴于许多人连自身的优势和弱点都说不清，这事往往很费劲。（下文将介绍几种最有效的方法。）但是我们的建议其实挺简单。一如画家与颜色的关系，优秀经理与平庸之辈的区别就在于，一旦识别了部下的优势与弱点后，他究竟怎么做。

平庸的经理笃信，大部分的东西都能学会，因此，管理的核心就是识别一个人的弱点，然后消除它们。

优秀经理的看法与此完全相反。他深信，一个人身上最强大的素质是先天的，因此，管理的核心是用最有效的方法把这些先天的素质用好，继而提高绩效。

不言而喻，由于信仰不同，两种经理的管理理念和方式完全相反。平庸的经理往往对人们的优势心存疑虑，担心说多了手下人就会过于自信和狂妄，因而认为，他的职责就是清晰而准确地向员工反馈他的弱点。他的目标是要每个员工都对自身弱点负全责，进而努力填补这些空缺。如果员工取得一点进步，平庸的经理就会刻意表扬他在面对和克服弱点上所下的苦功。

优秀经理的做法完全不同。他不为所谓的"过于自信"而苦恼。相反，他最怕的是不能帮助每个人将其天生的才干变为绩效。于是，他把大部分时间用来推动每个员工识别、运用和加强他的优势，或者，像米切尔·米勒一样，调整外部环境，以便最充分地发挥这些优势。如果员工取得进步，优秀经理并不会因为他苦干而表扬他，而会告诉他，他之所以成功，就是因为他学会了扬长避短。

优秀经理做这些事完全是下意识的，但是近期的研究证明，他们的下意识举动是多么睿智。例如，传统的信条告诉我们，人贵有自知之明；能准确评估自身优势和弱点的人比自视过高的人能干；一句话，过分自信要栽跟头。因此，360度测评被广泛使用，目的在于告诉一名员工，他的同事、部下和上司如何评价他的绩效。

然而，在这个问题上，传统的信条搞错了。现有的研究表明，准确的自我意识很少驱动绩效。说真的，在很多情况下，它恰恰在阻碍绩效。惟有自信才驱动绩效，即使是膨胀的自信。

例如，来自数所大学的研究人员实施了若干这样的研究：他们挑选了一批穷人家的孩子，问他们是否觉得自己会上大学。客观的数据表明，由于家境贫寒，这些孩子高中毕业都成问题，遑论上大学。不少孩子认为他们没有能力上大学——就此而言，他们的自我评价是现实的——结果，他们大部分人真的没上大学。与此相反，另一些孩子认为自己有能力上大学——换言之，他们盲目地乐观——结果，他们有很多人真的上了大学。可见，现实主义阻碍了绩效，而盲目自信推动了绩效。

研究人员在研究社会焦虑与社会活动（他们将此界定为一种有益的行为）的关联时，发现了相同的结果。他们挑选了两组人，一组焦虑不安，另一组积极参与社会活动，然后测量各组的社交技能——他们如何记人名，如果向陌生人介绍自己，等等。他们惊奇地发现，就其实际技能水平而言，两组毫无差别。

他们接着请各组的成员对自身社交技能进行评估。这时，两组之间出现了巨大差异。焦虑不安组对自身技能做出了准确的评估；而积极活动组则大大高估了自我——他们无视事实，认为自己具备这样那样的技能。然而，一如上述的孩子们，这种"注过水"的自我评估并没有使他们栽跟头；相反，它推动他们积极运用自认具备的技能。

一如上述，准确的自我评估阻碍了绩效，而脱离现实的自我评估推动了绩效。

既然大部分组织都很看重准确的自我评估，并通过绩效评估的过程来帮助员工全面而准确地了解自身优势和弱点，那么，关于准确评估并不推动绩效的结论可能使你陷入迷茫。然而，为了避免你得出成功的秘诀就是不自量力的结论，让我介绍一下另一项近期的研究。

最近，有关部门投入大量时间和资金，用来修改教材，以求更适合孩子们的需要，例如更有趣的测验，寓教于乐的电视节目和录像游戏等。此举的理论根据是，孩子在乐趣中能学得更多。由于信者无数，不仅《芝麻街》（Sesame Street）至今热度不减，而且《布儿狗的线索》（Blue's Clues）和《探险者朵拉》（Dora the Explorer）这样的后起之秀也深得家长和孩子们的青睐。

不幸的是，人们想错了。尽管这些节目编得引人入胜（至少我家的两名小评论家这样认为），但它们并没有教给孩子什么。《教育心理学》杂志登载了一篇题为"电视'易'，书本'难'"的文章，其中的研究人员称，"孩子们……做出巨大的认知努力，从他们觉得难的教学媒介——即，书面测验——中学得多；但是做出很少的努力，从内容相似，而他们觉得容易的媒介——即，电视节目——中学得少"。

对于当经理的你，其中的一个启示就是，你如果希望手下的员工下决心，出大力，就必须使他们深信，他们的任务充满挑战；就必须使他们对任务的艰难产生一种健康的畏惧。反之，你如果让他们觉得一切都易如反掌，就会阻碍他们的学习和进步。

　　表面看，这与前文关于超常自信推动绩效的结论相悖，但实际并非如此。我要在下文中告诉你，如何调和这些结论，继而帮助你更有效地实施管理。

　　正如研究所示，自我评估过高的人往往比自我评估准确的人绩效更高。不仅如此，这些过度自信的乐天派面对困难往往更执着，更坚韧——"我绝不认输，因为我坚信，我能成功"。所以，你如果要一个人面对困难坚韧不拔，并取得最优秀的成绩，就应增强他对自身优势的信心，甚至夸大这些优势，给他灌输一种几乎背离常理的必胜信念。你的任务不是"准确地"告诉他，他的优势有什么局限，以及他有什么弱点的负担——你是一名经理，不是一名心理治疗师。你的任务是推动他创造绩效。

　　说得更直白些，你的任务是建立他的自信心，而不是自知之明。所以，你在说明了你所要的结果后，就要给他打气，让他深信自己的优势，并推动他思考如何才能最好地发挥优势，来取得成果。

　　这一切固然有理，但是，如果他被优势的鼓动冲昏头脑，面对工作像初生牛犊那样漫不经心，你该如何防范呢？千万不要列数他的种种弱点，以求使他清醒，然后命令他纠错补缺。有时，你会觉得这样做有理，特别是对那些不可一世的明星们，但你必须抵御诱惑。因为此举将点燃他的自疑，而虽然自疑有时不无用处，但它是不可能出彩儿的。

　　相反，为了克服漫不经心，你应增强任务的难度。你在详细说明你所要的结果后，应提醒他，达标是多么困难。你应强调任务的规模、复杂性和"前所未有"的艰难。反正是想方设法地引起他的重视，继而认真对待他面临的挑战。

　　简言之，你应使他产生一种心境：一方面准确地认识当前任务的艰难，另一方面乐观地"高估"自身战胜困难的能力。你越善于在每个员工身上创造这种心境，就越是一名高效的经理。

　　如果这个人成功，你应当夸他下了苦功，还是夸他发挥了独特优势？切记，始终是后者。告诉他，他之所以成功，是因为他发挥了优势。即使其他的外部因素对于他的成功起到了重要作用，你也应把他的成功归结于他的优势。即使这样的解释不甚准确，也没有关系。重要的是，此举将加强他的自信，使他在迎接未来一个接一个的挑战时，能持之以恒，百折不挠。

万一他失败怎么办？假定失败不是他所不能控制的外部因素所致，你就应始终把失败归结于他的工夫没下够，即使这样说并不完全准确。此举将避免使他产生自疑，而给他一些可以控制的东西，一些他能努力去纠正和改进的东西，继而帮助他在下一个任务中成功。

如果他不断失败怎么办？对于不断失败，需要进行一种完全不同的干预。不断失败表明，完成任务所需要的才干恰恰是他的弱点。那么，你该做什么呢？

你该无视他的弱点吗？当然不是。每个人对于所做的工作都有不顺手的地方。如果不予关注，这些弱点就可能削弱他的优势，降低、甚至瓦解他的绩效。所以，当你看到一个人的弱点时，你不应对它视而不见，同时自欺欺人地希望它自动消失。相反，你可以试试下列策略。

首先，你应设法了解，当事人之所以一筹莫展，是不是因为他缺乏某种技能和知识，而不是才干。若如此，对策其实很简单。你只需向他提供有关技能和知识的培训，给他足够的时间消化和落实，然后观察他的绩效。如果绩效提高，就说明问题解决了。如果没有改进，就可能说明，他的问题是缺乏某种才干，而在这种情况下，无论进行多少技能和知识的培训，都于事无补。鉴于此，你就需要另辟蹊径，设法控制他的弱点，避免更大的损害。

这就是我们要说的第二个策略。你能不能给他找一个合作者，其优势正好补足他的弱点呢？人无完人，合作伙伴虽不是拐杖，却是成功的秘诀。也许，这样就能解救那位苦苦挣扎的员工。

如果合适的伙伴找不到，那就试试第三个策略：帮助当事人使用某种技巧，迫使自己在缺乏所需才干的情况下完成一项任务。在下文中，我将介绍一名非常成功的编剧兼导演。他对自己的工作几乎样样在行，惟独在其他的专家——如作曲家或摄影师——创作不到位时，羞于对他们直言相告。然而，他并未因为自己缺乏直言不讳的才干而陷入瘫痪，而是设法用别的手段来弥补。每当他需要坚持原则时，他都会想像"艺术的上帝"需要什么，然后把这个想像中的上帝作为自己的力量源泉。在他的心目中，他现在不再是把自己的意见强加在同事身上，指责他们水平不够。相反，他在告诉同事们，也在告诉他自己，权威的第三方，"艺术的上帝"认为，他们的创作不够好，并要求他们下大力改进。

对他来说，这一招似乎很灵。你也不妨试着设计一些类似的技巧，来弥补你的员工的弱点。

最后一条策略最极端。如果技能和知识的培训毫无效果，如果互补的合作难以实现，如果灵便的技巧无处寻找，那你就必须设法调整员工的外部环境，以求避开他的弱点。你就必须做米切尔·米勒做的事，重新分配工作，继而使员工的弱点无关紧要。实施这一策略要求你首先具备一种创造力，来设计一种更有效的方案，其次具有足够的勇气，来打破现状，实施改革。正如米切尔所发现的，这种创造力和勇气会在绩效上给你丰厚的回报的。

为向你说明这四大策略在实际生活中是如何奏效的，我想介绍一下朱迪兰利，她是我采访过的最优秀的经理之一。无论她的职业生涯把她带到哪里——从 Limited 公司到 Gap 公司到香蕉共和国（Banana Republic）公司，直到现在她任负责营销的副总裁的女装零售公司 Ann Taylor——朱迪都能巧妙地发现和利用她手下每个员工的特长。说真的，她因人而异的才干可谓炉火纯青，以至于无论员工出现什么工作上的问题，她都能找到办法避开它，继而使当事人能够成功。

以她手下一个名叫克劳迪亚的员工为例。克劳迪亚是朱迪手下一名营销经理，其主要职责是协调设计部门与经营部门的关系。一方面，她必须与服装设计师们紧密合作，设计符合 Ann Taylor 公司品牌目标的服装系列；另一方面，她必须密切跟踪零售的现状，判断哪些设计能卖火，哪些则没戏。如果她和设计师们忘掉了顾客，她就会批准一些华而不实的服装。而如果她过于关注大销量的产品，她就会漏掉一些虽然销量有限，但对少数顾客有很高品牌吸引力的特殊产品。

在过去的几年里，克劳迪亚证明自己能同时胜任两种角色。她很执着，爱动脑筋，人缘好，与设计师和多功能团队的其他成员都合得来，并且，最重要的是，对品牌异常忠诚。

然而，尽管克劳迪亚有这些能力，朱迪却听说，生产部的同事们跟她矛盾重重。很显然，克劳迪亚的分析能力，以及她对细节的全面掌控，使他们难以适应。他们发现，无论他们提出什么方案，克劳迪亚都会提出一个新问题或新点子，要他们重新研究。这使他们忍无可忍，濒临崩溃。

面对这一情况，朱迪采用了第一种策略：帮助克劳迪亚获得一些所需的知识，看看能否改进。很幸运，事情开始好转。朱迪与克劳迪亚商定，要她去亚洲出趟差，了解成本问题。克劳迪亚从业以来，第一次有机会参观工厂，会见厂主，并直接参与每个商品的价格谈判。通过与加工厂和海外分支机构的直接谈判，克劳迪亚获得了第一手的经验，继而更能体会生产部所面临的挑战。回到纽约后，她不仅看问题更准确，而且更善于提供支持和帮助了。

"克劳迪亚与她的生产部合作伙伴开始相互尊重，"朱迪说。"在机场等飞机时，他们坦诚地谈到，克劳迪亚穷追猛打的提问对大家有什么伤害，以及生产部应当如何做准备，来帮助克劳迪亚当机立断，以免相互扯皮。现在，与设计师见面时，克劳迪亚能够客观地传达生产部的意见，而不是动辄怀疑一切。她会说这样的话，今年我们的腰带成本是 1.5 美元，而去年我们只花50 美分。我个人觉得，从设计角度看，这样增加投资是值得的，但我的确希望设计部能支持我们控制成本。"

这一改进无疑是朱迪和克劳迪亚两个人的胜利，但是还有一个问题有待解决。由于克劳迪亚酷爱分析，所以她有一种了解情况的强烈冲动。她如果发现一些朱迪没有及时告知的信息，就会生气。而鉴于公司决策迅速，朱迪又日理万机，这种情况频繁发生。朱迪担心，克劳迪亚为此生气，不仅会使她和她团队分心，而且会伤及她本人的声誉，被人看成一个是非篓子。

一名平庸的经理会告诫克劳迪亚要安分守己，但是，一如所有的优秀经理，朱迪认识到这一"弱点"其实是她最突出的"分析"优势的一部分。克劳迪亚不可能安分守己，至少不会长期这样。相反，朱迪寻找一种策略，来尊重和满足克劳迪亚的求知欲，同时设法用它来改进绩效。此举实际上是将第二和第三条策略结合使用。在此，我要大段引用她的话，因为她的解释比我的叙述更清晰地揭示了一名优秀经理的既细致又实际的思考过程。

"我们做了一种新的安排，由我来担任她的信息合伙人。我并不想给她的超强欲望火上浇油，你懂我的意思吗？但是，另一方面，我又认识到，天哪，她只要掌握所有的信息，就如鱼得水，而且当断则断，反应极快。所以我想，我要承担多少沟通的压力呢？因为我可不想夸下海口，然后让她失望。

于是我们做了几件事。我们每周一和周五都安排一次例行的'碰头会'，以便她确知，如果我出差漏了什么事，我们总能在碰头时弥补。此外，我承诺每天下班前给她留言，简要地告诉她一切我所了解、并且认为她想知道的信息。

做两件事帮助我彻底解决了矛盾。此举管理了她的期望，使她平静下来，继而获得一种节奏。它还帮助我对她说，'克劳迪亚，你知道我们周一和周五都要会面，但是，如果因为我天天开会，有人先向你通气，那你也犯不着对我失望和发火。你要准备这种事发生。'或者我说，'如果你想参加这次会议，可以，但是也可能你的时间不允许。所以，让我在会上代表你，会后加以总结，然后给你留言。'就是这样的小傻事起了大作用"。

当你设法控制一名员工的怪癖，以免殃及绩效时，这样的"小傻事"总能对你有所帮助。

在另一个案例中，头三个策略都不适用。艾利森是香蕉共和国公司女装部的一名设计师，她的优势是慧眼识别初露端倪的新潮流，而她为此设计的概念装总能成为行话所谓的"前瞻时尚"。朱迪说："她会在别人毫无察觉时，辨别时尚的走向，并及时开始采购，弹无虚发，出神入化。这就是她的独特才干。"

她的弱点在于，对于为了商业目的而修改她的设计，她深恶痛绝。诚然，对于任何一个设计师，参加与商人们一起讨论修改设计的产品会议都不是一件痛快的事，但是对于艾利森，这几乎有切肤之痛。艾利森自豪地展示自己最新设计的斜纹布服装，而商人们会说，设计应当修改，以便适合更多的体型，而她会反驳，修改会毁掉原创的整体美感。争吵愈演愈烈，直至双方陷入僵局，不仅浪费时间，而且相互怀恨在心。

朱迪为了控制局面，试了好几种策略。

阿谀逢迎："艾利森，要让你设计的漂亮服装与顾客见面，唯一的方法是大家对规格取得一致，然后让服装上架。"但是聪明的艾利森一眼就看穿了这把戏。

直言不讳："在旧金山，规格由米切尔说了算。如果我们不让步，她有充分的权利自行决定。"这听起来像威胁。

她甚至试过体谅的手段："艾利森，你为什么一筹莫展？难道时尚的成分不够吗？不就是改一下规格吗，有什么了不起的？"朱迪从她的表情可以看出，真的了不起。

鉴于艾利森的 DNA 拒绝重组，朱迪发现自己忙于为艾利森的行为辩解。至此，许多经理可能会对她失掉耐心，然后发出最后通牒：要么与别人和睦相处，要么走人。但是，朱迪不愿失掉一个对时尚独具慧眼的天才，便决定尝试一个最后的策略，以求化解困境。

"我想，既然她对时尚如此敏锐，何不设法让她集中使用时间，而避免参加那么多让她心烦的商业会议呢？反正我可以代表她参加这些会议，并提前获得她的认可。这样，她就可以把参加会议的时间用来设计和创作了。

"于是，我们开始行动。效果好极了。艾利森获得了解放，专心做她喜欢的事，心情也好多了。我与商人们则心有灵犀，顺利地进行商业决策。"

不言而喻，生活中的事情往往不像想像的那么完美。有时，你的员工会拒绝进入你为他安排的新角色。他可能会认为这是降级，也可能他对自己身上你全力控制的弱点毫无所知，于是，他不认为有必要调整他的工作。每当这种情况发生时，经理们都容易受到诱惑，想用更生动的例子来证明他的弱点，以求他觉悟。

你务必抵御这种诱惑。你如果必须明确告诉他什么，那就向他说明，他绩效不佳，有测量数据为证。你无需细说瓦解绩效的弱点，因为详细描述弱点往往难以令对方信服，并且，如上文所述，你的任务是增强他的自信心，而不是自我认识，因为他越自信，就越可能百折不挠，创造优良业绩。所以，如果他反对调换工作，就向他生动地描述你在他身上发现的具体优势，并说明这些优势将帮助他干好新的工作。换言之，你应帮助他看到，这些优势与新的工作要求是匹配的，继而激励他发挥它们。一旦进入新的角色，他的优良绩效自然会使他信服的。

如果他坚决抵制，使你无法让他尝试新工作，怎么办？到了这一步，正如杰克·韦尔奇所言，你可能就该让他另谋高就了。

"扳机"

经过多年的研究后，我想我现在对这样的相似之处应当习以为常，但是当我看到优秀经理人在各自完全不同的领域里，面对一名员工、一种情形或一个问题做出完全相同的反应时，仍然为之着迷。为了说明"扳机"的概念，让我们来看一个案例。

不久前，我到"死亡谷"以南两小时车程处的一座硼矿参观（下章我要说明原委），并有幸采访他们的顶级主管拉思·沃尔弗德。拉思看上去就像干他那行的，体壮如牛，满面红光，一副能扛千斤重担的肩膀，一双又厚又硬的大手。但是他的风格很平静，近乎温柔，声音很轻，说话时有点口齿不清。他介绍自己时，我把他的名字听成了"拉夫"。他出于礼貌，没有纠正我。

采访快结束时，我问，他是如何使手下的人卖力干活的，他回答："关键在于发现他们的'扳机'。比方说，我有这样一个手下，老实得跟我说话都发怵，但很能干，而且很可靠，从不出差错。但是，要他出活，我对他必须小心翼翼，千万不能磕着碰着。我还有另一个手下，是同一班的，却是个最爱顶撞的刺儿头。除非我对他吼，他是不会动窝的。我敢发誓，他恨不得找我的茬，跟我斗。我猜他可能想，我要是不收拾他，就是没干活。"

这段回答使我想起了另一个人的话，那是十多年前的事，不知为何，我一直记着。

1991年，比尔·帕塞尔执教的纽约巨人队取得了超级碗足球赛的冠军。赛后的记者招待会上，一名记者问，"你在整个赛季使用了两名四分位，菲尔·希姆斯和杰夫·豪斯泰特勒。你是如何保持他们两人的战绩，同时避免内讧呢？"帕塞尔教练回答，"我想通了一件事，就是如何扣动每个人的扳机。菲尔·希姆斯是一名出色的四分位，但是需要别人来挑战他。除非有人不断刺激他，他就根本发动不起来。杰夫则不同。即使你对他说话的嗓音高一度，他都会把你甩掉。要他卖力，就得跟他说悄悄话"。

一如拉思·沃尔弗德和比尔·帕塞尔，优秀经理始终在寻找每个人的扳机。他们深知，一个人的优势无论多么强大，都需要扣动正确的扳机来激活它。如果扳机扣对了，当事人就会自我推动，知难而进。而如果扳机扣错了——例如对杰夫·豪斯泰特勒吼叫——当事人就会关机。

关于扳机，最挠头的事是它们形态多样，变化无穷。一个员工的扳机可能与时间表相关——他是一个夜猫子，只能在下午3:00后才进入状态。另一个员工的扳机可能与你的时间相关——他虽然与你共事已长达5年，但仍需要你每天与他碰头，否则就会感到失落。还有一个员工的扳机可能正相反——独立。他与你共事仅仅半年，可是即使你一周检查一次，他也会抱怨你管头管脚。

有时你只要对一名员工提出挑战，就能激发他的优势。以史蒂夫·赫斯特为例，他是电子产品零售商百思买（Best Buy）的一名顶级的地区经理，这样描述手下的三名分店经理："詹姆斯是一个拼命三郎。我给他设的目标必须雄心勃勃，高不可攀，有时连我自己都怀疑，可他却为此而斗志昂扬。吉尔是一个分析型的人，喜欢自己琢磨问题的答案。所以，我如果希望他朝哪个方向走，就会给他一条理性和分析的线索，让他自己思考和判断。对于法里德，我发现用一点小小的激将法最有效，例如，'法里德，还是你自己定目标吧，但你能不能完成，我可说不好。'他为了证明我错，会不遗余力。"

所有扳机中，威力最大的是"认可"的扳机。大部分经理都知道，员工都喜欢被认可和表扬。优秀经理更进一步，认识到，每个员工都在为各不相同的观众表演。你如果想成为一名优秀经理，就必须把每个员工与他最看重的观众放在一起。

例如，一名员工的观众可能是他的同事——你对他的最好表扬就是让他站在他们面前，然后当众夸奖他的成绩。另一名员工的观众可能就是你——你对他的最好认可就是与他私下谈话，向他详细说明为什么他是一名宝贵的团队成员。还有一名员工最得意自身的专长，所以对他最难忘的认可是某种专业或技术认证。还有一人可能只看重顾客的反馈，所以她得到的最好认可是一张她与最佳顾客的合影或一封顾客的表扬信。

不言而喻，鉴于因人而异地进行认可和表扬需要对当事人密切关注，这事主要是经理的职责。然而，这并不是说，组织对此可以撒手不管。只要稍动一下脑筋，一个组织完全可以动员全体员工都来开展因人而异的认可和表扬。

我所接触过的公司中，HSDC 北美分公司在这方面做得最好。每年，他们都给顶级员工授"梦想奖"。如同大部分公司，HSDC 公司使用客观的绩效指标来决定谁该获奖。但他们有一个做法独具匠心，就是每个获奖者的奖品都不同。在评奖前，公司会进行一次调查，问每个员工，如果获奖，他们喜欢什么奖品。奖品的价值上限是 10000 美元，而且不能换成现金。但除了这两个条件外，每个员工都能自选任何奖品。年终，HSDC 公司根据绩效选定获奖员工后，会拍一个录像片，介绍获奖者的业绩，以及为什么他会选某个奖品，然后在隆重的"梦想奖"大会上，放映录像片并颁奖。

你可以想像这些个性化的奖品所产生的影响。与让获奖人上台，然后授他一个千篇一律的奖盘或奖杯截然不同，HSDC 的授奖大会不仅当众表扬你的业绩，而且奖给你孩子一年的学费，或一个新厨房，或你盼望多年的哈雷摩托车，或——这项奖品现在还为员工津津乐道——几张机票，让你带着家人回墨西哥看望 10 年未见的老祖母。

学习风格

你对一个人要了解的第三件事是他的独特学习风格。如果每个人的学习方式完全相同，经理的日子就好过得多，但是事实显然并非如此。每个人的大脑接收器都有一个特殊的频率。你如果用错误的频率来传达信息，那么，无论你的建议多么高明，也无论你备课多么尽心，对方都会充耳不闻。

虽然有多少学习的人，就有多少种学习风格，但是有关成人学习的理论表明，有三种风格占统治地位。其中的每一种风格都需要你采用一种略微不同的辅导技术。我并不是说，这三种风格是相互排斥的。有的员工可能综合了两种、甚至全部三种风格。尽管如此，你仍需要悉心分辨这三种风格，继而更准确地使用适当的辅导方法。

第一种学习风格是分析。Ann Taylor 公司的克劳迪亚就是一名分析者。她了解一项任务的方法是把它拆开，仔细观察各个部件，然后再一步一步地重新组合。鉴于在她眼中，每个部件都很重要，她就渴望获得各种信息。她需要尽可能多地了解一个问题的背景，这样才能放心。

她如果觉得自己了解的信息不够，就会不断挖掘和打听，直至达到目的。她会阅读指定的书籍，参加必修的课程，认真记笔记，而且不断实践。

辅导一名分析者的最佳方法是在课堂上给她充分的时间练习，与她一起进行角色模拟，然后分析和评估她的表现。要把她的表现拆分成各个组成部分，以便她重新组合为整体。始终给她充分的时间准备。

切记，分析者痛恨出错。有句关于学习的套话，"吃一堑，长一智"，但是分析者认为这不对。事实上，她之所以如此认真地准备，正是为了尽量减少出错的几率。所以，无论你做什么，千万不要把她放到一个陌生的环境，然后指望她边干边学。

第二种主导的学习风格是实干。与分析者相反，辅导一个实干家的最好方法恰恰是把他放到一个全新的环境，然后让他边干边学。对于一名分析者，最重要的学习发生在行动之前，而对于一名实干家，学习发生在行动过程中。碰壁、试验和失误都是他学习过程的一部分。

米切尔·米勒店里的杰弗里就是一名实干家。他在自己琢磨事的时候，学得最多。对他来说，准备工作是一件枯燥无味的烦心事。惟有既可能一败涂地，又可能大获全胜的任务本身才能使他集中精力，真抓实干。

你如果辅导一名实干家，千万不要请他和你一起进行角色模拟。在他眼中，角色模拟是假的，所以他没兴趣。相反，你应从他的职责中挑选一个简单而实际的任务，简要说明你要的结果，然后放手让他去干。一旦他想明白如何完成这一简单的任务，你就应逐步增加任务的难度，直至他掌握自己的全部职责。诚然，他可能出错，但是对于实干家，错误的确是学习的原料。

在某个意义上，实干家可能是让你挠头的学生，因为他们对你的忠告往往不屑一顾。他们必须亲身体验结果，无论好坏，然后才会相信你的话。但是，在另一个意义上，有他们在的确不坏。他们遇到一个新的挑战，总是第一个冲上去，勇往直前。

最后的风格是观察，或用一个更为技术的词，"模仿"。如果你把一项任务拆分成各个组成部分，然后要求观察者一一练习，或者要他们与你一起进行角色模拟，他们都不可能学到什么。对于他们，研究一项任务的各个组成部分就像研究一张数码照片的单个像素一样荒唐。他们关注的是每个像素的背景，以及它们之间的关系，而惟有看到整幅图画时，这一切才有意义。

其实，我就是这样学习的。多年前，我刚开始采访时，费了大力，想学会在采访完毕后，口述关于被访者的报告。我了解所有的步骤，但是无法把它们串起来。完成一份报告，我的一些同事只需 1 小时，而我要花大半天。

后来，一天下午，正当我呆看手中的录音机时，我无意中听到隔壁一位分析师的声音。他语速极快，以至于我开始以为他在打电话。过了几分钟后，我才意识到，他在口述一份报告。这是我第一次听另一个人在"行动"。我看过根据录音整理的书面报告——事实上，我看过无数的报告，因为看别人的报告是为我们指定的学习方式——但是我从未听过另一个分析师在"创作"。

这使我茅塞顿开，突然看见这一切如何聚合，变成一篇完整的作品。我记得自己当时拿起录音机，开始模仿我的邻居的语调，甚至口音，居然也变得滔滔不绝起来。

你如果想教一名观察者，最有效的方法就是让他走出教室，甩开教材，与你手下的顶级高手一起去冲杀。

最有用的问题

"如何识别这些杠杆？"

优势与弱点、扳机和独特的学习风格——这就是你要管好一个人必须了解的三件事。但是，你该如何识别它们呢？

不言而喻，最有效的方法是观察。优秀经理有大量时间是在办公室外度过的。他们四处走动，观察每个人的反应，倾听，暗暗记下每个人的喜好和困惑。艾利森·菲德里是伦敦惠灵顿医院一个 27 人的理疗部的主任。他这样描述观察的威力："我觉得人们每时每刻都在告诉你事情。他们不经意地向你表明他们是什么样的人。有的不想准时上班。有的不愿完成记录。有的总在加班。还有的……反正什么事情都有。人们总在告诉你什么。既然如此，我就必须注意倾听和观察。"瞧，你也应当走出办公室去观察。

对你的员工实施某种个性测试也有用，这包括优势识别器（Strengths-Finder Profile），梅耶–布雷格斯性格指数（Myers – Briggs Type Indicator），柯氏测试（Kolbe Profile）或 DISC 测验。此类测试的结果虽然往往很复杂，却能提供一个框架，并且更重要的是，有一种共同的语言来判断一个人与其他人的不同之处。

然而，一开始时，识别这三个杠杆的最好方法是问几个简单的问题，然后仔细倾听对方的回答。在我所试过的所有问题中，以下五个问题证明最有效。

关于优势：

1. 过去三个月内，哪一天你工作得最开心？

 ● 你在干什么？

 ● 为什么你那么高兴？

关于弱点：

2. 过去三个月内，哪一天你工作得最不开心？

 ● 你在做什么？

 ● 为什么你那么不高兴？

关于扳机：

3. 你与一名经理的最好关系是什么？

 ● 为什么关系这么好？

4. 你所获得的最好的认可与表扬是什么？

 ● 为什么它那么好？

关于独特的学习风格：

5. 在你的职业生涯中，什么时候你觉得自己学得最多？

 ● 为什么你学得多？

 ● 什么是你学习的最好方法？

　　我建议你在选拔每个新员工时，问这些问题。你也可以在每个财政年度之初问现有员工这些问题。这个迷你型的访谈虽然只需半小时，却是内容丰富的半小时。你只要问这五个问题，仔细倾听，然后像米切尔、朱迪和艾利森一样采取有针对性的行动，就会取得令你喜出望外的结果。你将发现，发挥每个员工的独特优势有多么大的威力。

第四章
杰出领导的一定之规

领袖赢得我们的忠诚

"朱利安尼用什么话来帮我们摆脱恐惧？"

在漫长的 2001 年 9 月 11 日，我们所有被困在纽约的人都充满了恐惧；也许从来没有这么恐惧过。我当时与妻子和六个月的儿子住在 10 街，与世界贸易中心仅距 1 英里。一如往常，那天早上我坐地铁来到 49 街和 6 大街交汇处一座大楼的办公室上班。电梯里，有人告诉我，有一架飞机撞入世贸中心的一幢大楼。我到达办公室时，第二架飞机撞了另一幢楼。我打开电视，屏幕上是直升机拍摄的画面：火舌四冒，浓烟滚滚。

我的助手丹尼尔哭着跑进来。她的丈夫，一名 IT 顾问，当天碰巧在世贸中心上班。她在手机上收到他打来的含糊不清的电话，好像说的是设法逃离大楼，然后就断了。我们正在讨论该干什么时，又传来消息说，一架飞机撞了五角大楼，其后不久，我们的大楼里开始广播撤离的命令，于是我们都沿着楼梯往下奔，来到街上。

我们站在人群中，等待丹尼尔的丈夫。她仿佛记得他说要到我们的办公室来，所以我们打算一直在原地等他。1 小时过去了。随着更多的大楼清空，街上的人越来越多。有人传说，还有几架飞机被劫持，而且去向不明。我们不断往天上看。接着，人群开始交头接耳：一幢大楼倒塌了。真是不可思议，只剩一幢大楼了。又过了一会儿，第二幢大楼也倒了。曼哈顿南端被夷为平地。

第二幢大楼倒塌后，人群发生了躁动。大家开始心慌意乱地四下逃散。每个人都想尽快逃离摩天大楼，早点回家去。我也开始想离开丹尼尔，回去与自己的家人团聚。突然，奇迹发生了，她的丈夫从人群里走出来。他逃出世贸中心后，花了两个小时向上区步行。我见他们团聚后，开始沿着 6 大街向南走回家去。

周围的景象阴森森的，就像刚发生了一场政变一样。我记得自己逆流而行，因为大部分人都在闷着头往北走，但由于路上没车，所以我走得挺快。在每个街角，我都要挤过一群人，他们聚在一些开着门停在路边的车辆旁，伸长脖子听广播。我估计有十分之一的人浑身蒙上了细细的白灰，每个人都是一脸恐怖。

如果沿着 6 大街步行使我心神不安，发现我的家人安然无恙则加重了我的焦虑，因为看到他们提醒了我，我可能失去什么。所以，在那天剩下的时间里，我像大部分纽约人一样，心烦意乱，独自呆坐，为自己和家人忧心忡忡，为前途惊恐不安。

一句流传已久的心理学箴言告诉我们，你如果知道一个人的恐惧，就知道他的需求。纽约人是臭名昭著的独行侠，但是那天我们似乎都感受到相同的恐惧。在恐怖来袭的第一天，我们都需要一个人来安慰我们，体谅我们。谁也没想到，这人就是我们的市长，鲁迪·朱利安尼。

我之所以说没想到，是因为朱利安尼市长最出名的是好斗，而不是体谅。尽管他一开始在惩治犯罪上大得人心，但 9 月 11 日前的一年里，他似乎在大部分市民中失宠。他从来就是一个很有争议的人物——人们只要在饭桌上提到他的名字，就会马上争起来——但是，在恐怖袭击前几个月里，他的支持率接连下挫。好几件事使他分心：短命的参议员竞选，沸沸扬扬的离婚，还有前列腺癌。虽然我确信，大部分人对他患癌症都寄以同情，但是他能否理解我们和保护我们，我们却没有信心。我们对他的忠诚在瓦解。

然而，"9·11"期间，他完全赢回了我们的忠诚。说真的，如果有机会，我们很可能投票让他第三次连任。现在，无论他出现在何处，人们都对他起立欢呼。他是全球的明星市长，《时代》周刊的年度人物，被伊丽莎白女王加封的鲁迪爵士。一下子，他成了大家的宠儿。

现在看来，这一转变简直难以置信。说真的，事情的结局可能完全不同。我们可能会被激怒，因为市政当局对灾难毫无准备，特别是鉴于1993年世贸中心曾经遭过恐怖袭击。我们可能抱怨消防局、交通局和警察局之间通讯混乱，继而要他负责。我们还可能抱怨他手下的衙门对待失踪者家属过于混乱和官僚。可是，不知为何，我们没有这样做。这并不是因为这些事不重要，或者我们当时不知道，而是我们没有足够的动力把一切都归咎于他。

为什么？朱利安尼市长在"9·11"和其后的日子里究竟做了什么，使我们完全改变了对他的看法？他是如何迅速而彻底地赢回我们的忠诚的？显然，他于当天来到爆炸现场，并在事后不遗余力地工作，赢得了我们的赞赏。但我想，这本身不足以如此彻底地赢得我们的忠诚。毕竟有许多官员都来到现场，而且许多人为救人和恢复秩序夜以继日地工作。

现在回想起来，我们就会发现，我们对市长的爱戴来源于他在"9·11"下午一次记者招待会上对一个问题的脱口而出的回答。

有人问他，他觉得最终的死亡人数是多少。对此，他可以做出各种各样的回答，而且都可以接受。他可以干脆说，"我不知道。"他可以把问题转给站在身后的各部门的头头们。他也可以给出一个官样文章的回答，"我们现在还没有把各种不同的名单整理出来。等各部门上交他们的名单后，我们将进行比较和整理，届时我们将公布我们的估计。"但是这些话他都没说，相反，他长叹一声，低下头，然后抬起头来，回答："我不知道最终的数字，但肯定是我们不能忍受的。"

他就是用这最后一句话——"肯定是我们不能忍受的"——赢得了我们。他证明自己是这样一位领导者，能理解我们所有的人，所有1200万各不相同、自行其是和互不相让的纽约人正在经受的苦难。他发现了我们心中的共同情感——这是无法忍受的一天——而且帮我们说出来。他这样做，稍稍消除了我们的恐惧。我们不知道还会发生什么事，但是我们现在知道，他是我们的领袖，将为我们指点迷津。他说出了我们心声，成为我们大家的代言人。我们因此而爱他。

朱利安尼市长有一种能力，能透过个人的不同，锁定我们所共有的情感和需求，而这就是领导的核心。这种能力被称为"延伸的体谅"（extended empathy）。无论一名领导者有什么成就，也无论他的经验和专长多么宝贵，如果他缺乏延伸的体谅，对我们所共有的东西视而不见，那他就失掉了领导者的能力。

我们在前章谈到，优秀经理的一定之规是发现每个人的特点，然后加以利用。优秀经理起到员工个人与公司的中介作用，而一如所有的中介，他们惟有一对一，才能扮演好自己的角色。

杰出的领导者必须扮演一个不同的角色。他们的任务是团结群众，为一个更美好的未来而奋斗。就此而言，他们不是中介，而是发起者。他们受到美好未来的驱动，竭尽全力地号召其他的人团结起来，去实现这一未来。鉴于此，他们要扮演好自己的角色，惟有一种方式，就是使许多人——无论其个性差异如何——都为这一美好的未来而激奋，并充满信心。如果他们能用自己的言词、行动、图像和数据来发掘我们所共有的东西，他们就是成功的领导者。否则，他们就会一筹莫展。

所以，优秀经理发现每个人的特长并加以利用，而杰出领导则相反。每个杰出的领导者都知道，他的一定之规是：

发现人们的共同点，并加以利用。

你这事做得越好，就越是个高明的领导者。

几年前，我为一家大型咨询公司的总裁当顾问。我们进行了许多次交谈，其中一次我问他，他认为公司的使命是什么。通常我是不太喜欢所谓的使命宣言的，但是对于他，我觉得花点时间思考公司的核心目标会不无益处。他考虑了几分钟后，回答："我认为这家公司不是仅有一个单一的使命。我想，我们有多少员工，就有多少使命。我们有的人热衷于帮助客户发展。有的热衷于科研。有的只关注销售。还有的立志建设一个更美好的社会。鉴于我们各不相同，为大家规定一个统一的使命是得不偿失的。"

在某种意义上，他是对的。无疑，他手下的每个人对自身的工作意义都有不同的解释，而他能识别这些不同之处，说明他看问题颇为精明。尽管如此，他的回答却"脱靶"了。鉴于他所关注的是个人的特点，以及如何适应它，他的回答是一名经理，而不是一名领导者的回答。

真正的杰出领导者虽然不否认个人的差异，但更坚信另一条同样强大的真理：我们尽管各个有别，但又有许多共同点。为了回答我的问题，一名高效的领导者必须使用其"延伸的体谅"，过滤手下员工所描述的诸多使命，直至发现他们的共同使命。接着，他会把这一共同使命反馈给员工。他会挑选出用实际行动实施这一使命的员工，向全体宣传。他会生动地描述使命实现后的未来。他还会指定一个关键的指标，来衡量每个人朝着这个未来所取得的进步。通过这一切行动，他将展示他对我们的理解和期望。

从我们的角度看，我们将感到与他的关系更紧密，更深刻地认识到他的愿景其实就是我们的愿景，并更坚信，我们团结在一起，一定能够实现这一共同的愿景。总之，他将动员我们所有的人，为一个更美好的未来而奋斗。

五大恐惧，五大需求，一个焦点
"人性什么相通？"

既然高效的领导者致力于发掘我们共有的东西，那么，一个明显的问题就是，"我们究竟共有什么？"

如果你向 20 世纪的一名普通的人类学家问这个问题，回答就是，没什么。20 世纪大部分时间里，人类学家所致力于证明的，就是每个社会都独一无二，因此，世上没有什么共同的人性。我们不应假设，侵略是人类的共性，不信就看看卡拉哈里丛林中的昆申（Kung San）部落，他们温柔得连"谋杀"这个词都没有。我们也不应假设，我们大部分人会对婚姻忠贞不渝，不信就看看快乐的萨摩亚人，他们的性伴数不胜数，而且谁也不会嫉妒。

然而，随着时间的推移和社会研究的日益深入，人类学家发现，像昆申和萨摩亚这样的社会异常不过是表面现象；真实情况其实更普通，并且就人性而言，不足为怪。据神经科学家斯蒂文·平克（Steven Pinker）的说法，"萨摩亚人如果发现他们的女儿新婚之夜不是处女，就会痛打，甚至杀死她们。一个年轻男子求爱如果遭到一名处女的拒绝，就能强奸一个，或胁迫一个与他私奔。而一个'戴绿帽子'的丈夫的家人可以殴打和杀死通奸者"。伊丽莎白·马歇尔·托马斯（Elizabeth Marshall Thomas）在《不会害人的人》（*The Harmless People*）一书中，把昆申部落描写成"不会害人的人"。但是，后来一些人类学家在现场经过长期观察，发现昆申部落的谋杀率比美国的一些大城市中心区还高。

我想强调的，并不是所有的社会都同样暴烈。我只是想说明，虽然不同的社会有不同的习俗——例如，人们打开圣诞礼物的时间不同，美国人是圣诞节当天，挪威人是圣诞夜，荷兰人是 12 月 6 号的圣尼科日，而昆申人根本不过圣诞节——但是世上的确有一种相通的人性，而不同的社会通过他们的不同习俗和语言，都反映了这种共有的本性。

每个领导者都要感谢人类学家唐纳德·布朗（Donald Brown），因为他为我们提供了描述人性的素材。他花了多年时间，完成了一项重要任务，查阅大量社会研究的文献，并据此编写了一份共同人性的一览表。我数了一下，共有 372 条。

有些条目十分有趣。例如，每个社会的人都开玩笑，挠痒痒，跟婴儿说话，用嘴吸伤口。我们都夸大我们的客观性，都喜欢甜食，都发明了一些精辟却自相矛盾的话——连昆申部落都会用他们自己的话说"英雄所见略同"或"傻瓜很少不一致"。而且，奇怪的是，每个社会都有一个词来表示"绳子"。

其他的条目属于意料之中。每个社会都怕蛇，但不怕花。每个社会都有用于特殊场合的正式语言。每个社会都对小孩进行排便训练。每个社会的丈夫都比妻子年纪大。而且每个社会都有一个字来表示"痛苦"。

如果你读完一览表［你可以在布朗所著《相通的人性》（*Human Universals*）中找到］，就会产生矛盾的心情。一方面，看到所有的社会都有武器、强奸和谋杀，你会沮丧。但另一方面，看到所有的社会都有贸易、玩具和轮流的习惯，你又会受到鼓舞。总体看，存在这些相通的人性——既有好的，也有坏的——会给予我们安慰。它们表明，所有的人类都有相同的经历，相同的美德与恶行。因此，我们如果深入探究，悉心倾听，就能相互体谅和理解。我想，这就是希望所在。

对于领导者来说，一览表为他提供了关于共同人性的线索，使他能用来动员他的下属，为一个美好的未来而奋斗。我们可以把这些共同的人性浓缩为五条。而本着"知道一个人的恐惧，就知道他的需求"的精神，我们可以将这五条看成五对恐惧和需求。这并不是说，这五对包罗万象。它们与弗洛伊德的无意识理论以及马斯洛的需求阶梯不同，并不能涵盖所有的人类经历。但是，它们说明，为什么我们需要领导。它们也表明，追随者对一名领导者有什么要求。特别是其中的一条揭示了领导效能的秘密。你如果能关注这一恐惧以及与它相伴的需求，就更有可能在你率领的人员中建立信心，继而跟随你走向未来。

以下，我将简要地描述这五条——它们与你如何领导别人都有一定的关联——然后告诉你，其中哪一条最值得你在当领导时予以关注。

1. 对死亡的恐惧（你本人和亲人）——对安全的需求。在每个社会里，我们都发现对死亡的恐惧，以及由此而派生的纪念死者和欢庆生命的仪式，以及对谋杀和自杀的禁忌。我们在每个社会里还发现婚姻、家族以及对自己儿女和亲戚的偏爱，即所谓的裙带主义。

因此，我们的一些最基本的需求源自我们保护自身和亲人生命安全的欲望。

2. **对外人的恐惧——对群体的需求**。每个社会的儿童都怕生人。所有的社会都以团体的方式生活，而这些团体未必以家庭或血缘为基础。所有的社会都区分圈里与圈外人，而且总是偏爱圈里人。所有社会的法律的主要目的之一都在于界定成为圈里人的规则。并且，在所有的社会中，我们都建立法规，排斥和惩罚违法者，或用布朗的话说："对群体犯罪的人。"

说到底，我们是群体的动物。我们把自己组织起来，从而保持群体的强壮。

3. **对未来的恐惧——对清晰的需求**。每个社会都有关于未来的概念，而且能看到它的种种可能性。每个社会都有一个词来表示希望和期待，而且，用布朗的话说，都有一种"概念推理"的能力，例如，"如果这样，就会那样"。但是每个社会都对未来怀有焦虑。我们都知道，未来是不稳定的，不可知的，因而充满了危险。在某种层面上，我们都害怕未来。

正因为如此，在每个社会里，我们都对自称能预测未来的人敬仰有加。萨摩亚人称他们为先知，而我们称他们为经济学家，但是道理是一样的——如果你能帮助我们看清未来，我们就会把你尊为圣人。也因为如此，在每个社会里，为了判断明天会发生什么，我们都有自己的一套仪式。在罗马社会里，人们为此会细看一只鹅的肝脏。今天，我们靠看《华尔街日报》。这样做固然不像古人那么腌臜，但同样满足我们对清晰的需求。

4. **对混乱的恐惧——对权威的需求**。有两个人类的共性说明，我们所有的人是多么害怕混乱。首先，每个社会都有自己的关于世界起源的故事，而在每个故事和每个关于创世的神话中，世界都是在混乱中诞生的。我们的世界诞生之前，不是另一个世界，而总是黑暗、混乱和空虚。因此，在每个社会里，我们所认知的世界都被定义为混乱的反面。

其次，人类最广泛的共性是我们都需要对事物进行分类。事实上，在布朗的一览表上，最多的条目是每个社会都觉得必须分类的事物，包括年龄、行为趋向、人的肢体和器官、颜色、植物、动物、心情、血缘关系、性别、空间、工具和天气情况，等等。我们对外部世界强加了一个人造的框架，以便对天地万物进行分类，继而使我们自己相信，我们控制了混乱，统治了宇宙。

从我们对秩序的渴望中，派生出我们对权威的需求。与无政府的混乱相比，有人掌舵使我们觉得踏实。诚然，这要求我们有的时候不得不听命于这个人，但是大部分时候，我们对这种交易感到坦然。每个社会都能理解，需要平衡统治与服从，而且每个社会都有领袖这个词。

如果你想知道这一需求在当今世界中是如何起作用的，不妨看看一些新近实现民主化的国家的情况。这些国家的人民可能由于害怕多党民主产生的混乱，而把票投给专治的领袖，例如俄罗斯的普京，委内瑞拉的查维斯，白俄罗斯的鲁卡先科和吉尔吉斯斯坦的阿卡耶夫；并且，还有一种几乎病态的现象：当这些国家的议会试图用公民投票的方式限制总统的权力时，人们几乎总会对议会投反对票。事实上，如同1996年的吉尔吉斯斯坦，人们往往投票延长总统的权威。虽然新民主国家选民这样做的原因十分复杂，但是其行为背后的心理是显而易见的：我们讨厌混乱，所以喜欢铁腕领袖。

5. **对渺小的恐惧——对尊重的需求。**每个社会都认为，个人有着与团体不同的价值。每个社会都有自我认知这个词，以及与此相伴的概念，即积极的自我认知优于消极的自我认知。每个社会还赞同一个不那么明显的观念，即我们的自我认知在很大程度上是别人决定的——我们所有人都关注别人对我们的印象如何。我们担心他们对我们印象不佳，或更糟的是，他们根本不注意我们，在他们眼中，我们无比渺小。

因此，在每个社会里，我们都发现人们渴望名望和与之相伴的尊敬。说真的，纵观历史，为了赢得别人的尊敬，最有效的方法就是向他们表明，你为了名望不惜牺牲一切。由于人们追求功名的动力和强度是不同的，所以有的成为领主，有的沦为奴隶。领主对名望和信仰——价值观、宗教、对部落和国家的忠诚——的追求不遗余力，甚至不惜牺牲自己的生命。而那些说"何必呢，放宽心，照您的意思办"的人则成为奴隶。

在某种意义上，这种领主和奴隶的安排是事物的一种常态——就如尼采的名言所道破的，实力出优势——但是它产生了一种不幸的副作用：在所有的社会里都造成了尊重的短缺。领主人数虽少，却备受尊敬，而奴隶人数众多，却被视为草芥。久而久之，奴隶不得不从其他渠道寻找尊重，最后找到了宗教。每个社会都有某种形式的宗教，但大部分都消亡了。最后得以遍布世界的宗教，例如基督教、伊斯兰教、佛教和印度教之所以成功，恰恰是因为它们为即使是最底层的人提供了一个途径，例如，成为某个当选种族的成员、转世或现世的再生，来帮助他们获得尊重。

简言之，这就是我从布朗的一览表中提炼出来的五大人类的共性：对安全、群体、清晰、权威和尊重的需求。你对群众中这些恐惧和需求的互动关系理解越深，就越能成为一名高效的领导者。然而，尽管它们当中的每一条都与你当好领导有关，但其中有一条特别值得你关注。

不是最后一条对尊重的需求。我们对尊重的需求往往由一名中间人来满足，这人通常是一对一地开展工作。过去，这一中间角色最多是由社会的宗教代表来完成的。你的牧师、教士、神父或阿訇会当面安慰你，虽然你在尘世的阶梯上处于下端，但是，只要信守教规，你也有机会赢得名望和尊敬。

今天，在职场，最有效地扮演这一中间角色的是经理，而不是高层领导。并不是每个人都能或应当成为总裁，但是，每个员工仍能在自己的岗位上功成名就。一名优秀经理通过识别使每个人与众不同的天生才干，并激励他们通过刻苦实践增强这些才干，来帮助他们赢得伴随绩效而来的尊敬。正因为如此，优秀经理不仅对于其所在组织，而且对于整个社会都是宝贵的财富。他们为我们每个人指明了无数通往尊敬的路径。

第四个需求，对权威的需求，揭示了我们为什么企盼领袖，并且告诉你，领袖的角色既是必需的，又是合法的。但是，除此之外，它没有给你更多的启示。它没有告诉你，你当上领袖后，应当用你的权力做什么；它也没有告诉你，民众希望你给他们什么。

为了回答这些问题，我们必须考虑剩下的三个需求：对安全的需求，对群体的需求和对清晰的需求。你应当利用其中哪一个呢？

这实际上是一个挺难回答的问题，因为说到底，它们都很重要。以第一条，对安全的需求为例。这是一个强大而原始的需求，很多领导者都加以利用。他们正确地认识到，对于一名能保证我们的生计，并保护我们和亲人们的安全的领导者，我们会更有信心。这说明，为什么要想获得群众的忠诚，最管用的方法是向他们提供水电、食品和有效的警察保护；为什么领导者为了争取民众对海外战争的支持，会把战争行动说成是为了保卫民族安全而先发制人；为什么每个社会的政治家都那么喜欢亲小宝宝。

再以第二条，对群体的需求为例。领导者刻意寻找敌人，自有其道理：布什总统别出心裁地要消灭我们的共同敌人"邪恶轴心"，百事可乐拿可口可乐开刀，Lowe 公司与家得宝公司势不两立，而几乎每次社会运动的领导者都把他们的组织使命说成一场战争——向毒品开战、向贫穷开战、向癌症开战。他们之所以这样做，是因为这一招灵。群体只要明确谁在威胁他们，就会变得更强大。

如果找不到既明确又现实的威胁怎么办？说真的，许多领导者不惜编造一个。虽然要你的追随者去找替罪羊不算正人君子，但是没人说这一招没有用。

如果满足了这两条需求，就能赢得群众的忠诚。但是，请你切记，领导者的任务并不是赢得群众的忠诚，而是动员他们为一个美好的未来而奋斗。赢得群众的忠诚是达到这一目的的手段，而不是目的本身。在剩下的这三个需求中，惟有第三条——我们对未来的恐惧——直接与未来相关。前两条从本质上说，都是静态的。如果你针对它们来实施领导，那你所能期望的最好结果就是保持现状。有时候，这也不失为一种宝贵的结果，但不足以证明你是一名杰出的领导者。相比之下，如果你能直面人类的第三条共性——我们对未来的恐惧——并消除它，甚至把它转变成某种积极的东西，那你就会占据有利位置，取得真正了不起的领导结果。

最近的许多畅销书都指出，我们应当欢迎和拥抱变化，把它看成积极有益的力量。尽管这一说法能使我们兴奋一阵，但是转念一想，我们大部分人都会意识到，害怕变化其实是明智之举。回顾史前，我们的祖先中凡是那些冲动而鲁莽的傻大胆，那些惯于闯进一个漆黑的岩洞，然后大喊"我倒要看看这里有什么动物！"的人八成都活不到生儿育女的时候。从这一角度看，谨慎行动，对未知产生一点恐惧，实际上是人类的一种适应本能。基于进化的逻辑——惟有适应的本能才得以延续——这一对未知的焦虑必然在不同程度上存在于我们每个人身上。惟有天真的领导者才会把它贬低为纯粹的弱点，或自欺欺人地断言它不存在。事实上，对未知的恐惧不仅存在，而且从进化的角度看，它的存在是好事。

作为一名现代的领导者，你所面临的挑战在于你玩的就是未知。你的所有谈话都关注未知、未来和你所预见的种种可能性。你如果想成为一名成功的领导者，就必须发现一种方式，来应对我们对未来的恐惧，并为它注入生气和激情。如果优秀经理是催化剂，加速个人才干与公司目标之间的反应，那么领导者就是炼金术士，用某种神奇的方式将我们对未来的恐惧转变为对未来的信心。

他们是怎样做到这一点的？不是靠激情。一名充满激情的领导者肯定能让群众为之一振，但是激情注定是多变和不可预测的，因而是短暂的。随着领导者的激情消散，我们就会对他们失去信任。以2004年霍华德·迪安州长竞选总统失败为例：他满怀对现状的不满和愤怒踢开第一脚，却在衣阿华州的一场大喊大叫的闹剧中草草收场。

始终如一也不是答案。始终如一的领导者的确使我们放心，但是在另一个层面上，我们都知道客观环境会变化，继而期待领导者保持开放，与时俱进。鉴于此，如果一名领导者过于始终如一，我们就会觉得他们僵化和死板，久而久之，就会产生怀疑。

要把恐惧变为信心，最好的方法是确保清晰：用你的行动、言词、图像、榜样和数据最生动地描述未来，使我们都能看清你和我们要去的方向。毋庸讳言，你为了应对不测，可能不得不适时调整你对未来的描述，但是你必须用生动的语言来传达和解释这种细微的调整。清晰是恐惧的解药，因而是高效领导者关注的焦点。当一名领导者的第一要务就是把话说明白。

这并不是说，你必须详尽地描述你的所有策略、计划和时限。相反，如下文所示，为了持续地激励群众，你必须给他们足够的空间，让他们自由地发明、创造和试验。但是，这的确意味着，你把话说明白与群众对你的信心是因果相关的；前者驱动后者。

下节里，我们将讨论四个必须向群众说明白的领域。

清晰的要点

"人们需要你讲明白什么？"

1. 我们为谁服务？

最近，我采访了一个名叫特里·莱希的人。其实，对他更适当的称呼是特里·莱希爵士——他由于对英国的商业发展功勋卓著，于2002年被封为爵士。特里爵士是英国零售商乐购公司（Tesco）的总裁。尽管沃尔玛公司是全球最大的零售商，但全球雇有 326000 员工，并在欧洲和远东取得骄人成绩的乐购公司堪称最好。

可是，情况并非始终如此。乐购成立 50 年间，大部分时间都在忙于与 Sainsbury's，Safeway 和沃尔玛所属的 ASDA 连锁店等对手争地盘。现在不同了，乐购不仅名列第一，而且继续超前。例如，英国消费者每花 100 英镑，乐购就占 12 英镑。

我在采访中首先问到一个笼统的问题，"从店铺的面积看，乐购有一半以上在海外。既然战线这么长，你是如何确保员工关注相同的要点的？"

他回答，"我首先讲明，乐购为谁服务"。

"那么你们为谁服务呢？"

"80 年代，我们在为谁服务的问题上发生了偏差。我们提高了档次，瞄准好高骛远的顾客，但是到了萧条的 90 年代，这一招开始失灵。于是，我们重归故我，回过来伺候我们的老顾客——工薪阶层"。

"你是如何做出这一决定的？"

"我们通过座谈会和抽样调查等方式，采访了 20 多万名顾客，以求了解顾客对乐购有什么期望"。

"你们从调查中找到答案了吗？"我问。

"找到了一些。但是另一些答案是我自然想到的。我与我们的许多核心顾客背景相似，都是工人家庭出生，所以我比有的人更能体会他们的生活。我觉得，这些顾客不希望乐购居高临下地对待他们，而希望我们尊重他们，真诚地尊重他们"。

"你究竟采取了什么行动来对他们表示尊重呢？"

"我做的第一件事是大量增加每家乐购分店的收银通道。过去，由于我们的大部分店里收银通道少，顾客必须排长队久等。如今，我们通过增加收银通道，基本消灭了排队现象。我想，对一个人表示尊重的最好方法就是尊重他的时间。你一定知道，增加那么多新的收银通道是要花大钱的，但是我认定，既然我们已经看准服务对象，这样做就是对的"。

特里爵士这样分配资源对不对？他要乐购为工薪阶层服务，并认定他们希望购买价廉物美的商品，并且需要快捷的收银服务，对不对？这谁也说不准，因为他并没有让一定数量的分店专门为另一类顾客服务，然后比较两种结果。但我们确信无疑的是，特里爵士通过明确而清晰地回答"我们为谁服务？"的问题，帮助他领导的员工确定目标，继而取得持续的成效。

对于"我们为谁服务？"这一问题，我们并不需要"正确"的答案，而只需要清晰的答案。为了进一步说明这一点，我们可以看看沃尔玛的例子。沃尔玛与乐购的竞争可谓针锋相对。然而，如果你问他们的主管，"你们为谁服务？"他们就会给出与特里·莱希不同的回答。

去年，我应邀到"消费者保健产品协会"的一次大会上向一些公司主管讲演。在我前面讲话的是沃尔玛的食品部总监杜格·德恩。无论用什么标准衡量，德恩在过去的 15 年中都大获全胜。15 年前，他根本不卖食品，而现在，全世界谁也没有他卖得多。他的演说表明，他是一名直率而勤奋的主管，难以忍受任何人对一个问题分析个没完。以下就是他的一段典型言论："我们的一家分店卖了大量渔具，远远超出我们的预测。这使我们在本顿维尔的分析人员大惑不解。最后的答案其实是句大实话。"他略作停顿，强化大家的期待。"原来这家分店旁边有一个很大的湖"。听众们哄堂大笑。

尽管德恩直来直去，但他的确有一个小伎俩来吸引听众。他快讲完时，要我们举手表示，谁过日子是"月月光"。只有很少人举手。这时，他停住脚步，站稳了，两眼平视，说："欢迎各位光顾我们的商店。恳请各位光顾。我们一定竭诚为你们服务。但是，请你们记住，我们的商店不是专门为你们开的。我们的每家商店都是为那些'月光族'的人开的。不错，你们也可以到我们的店里，花 6 美元买一块高级比萨饼，但是我可以向你保证，你也可以花 77 美分，买到当地最好的打折比萨饼。我们做的一切事，进的一切货，都是为'月月光'的顾客服务。"

为什么沃尔玛决定，他们的服务对象是"月光族"的顾客？不错，他们的数据证明，他们的大部分顾客是低收入家庭——沃尔玛的顾客中，有整整20%连支票账户都没有。然而，沃尔玛的历史告诉我们，他们之所以要为这些顾客服务，不是因为他们的数据证明这样做有道理，而是因为他们的创始人山姆·沃顿认定，他要自己的公司为他们服务。在这里，重要的不是服务对象有没有找对，因为根本就没有"正确"的顾客群。重要的是沃尔玛全身心地为这一顾客群服务，而且毫不动摇地实施这一方针。

了解你为谁服务有什么益处呢？沃尔玛或乐购的领导者把这一问题说明白究竟能获得什么优势呢？对此，商学院的解释是，如果你作为一名领导者知道为谁服务，你就会对应当实施什么战略，如何调配资源，如何设计组织架构等问题做出更有针对性的决定。不言而喻，这一切都对。正因为如此，管理大师们总在告诫我们"目不斜视，做好自己的事"。

尽管这一解释颇为精确，但它并没有触及问题的实质。你作为领导者之所以必须讲明你决定为谁服务，是因为我们，你的群众，要求你这样做。如果要我们跟随你走向未来，我们就必须知道，我们究竟想要谁高兴。如果要我们在所有的时间让所有的人都高兴，那是多么可怕的事。所以，为了消除我们的恐惧，我们需要你来帮我们聚焦，明确而生动地告诉我们，谁是我们的主要听众，我们最应当体谅谁，谁来评判我们的成功。你如果像特里和德恩一样，把这说明白，就给予我们信心——相信我们的判断和决定，并最终相信我们有能力评判，我们是否完成了我们的使命。

虽然，关于说明为谁服务的道理不言自明，但令人吃惊的是，无数领导者对此的回答含糊不清，模棱两可，并且，最糟的是，复杂无比。

例如，有的领导者宣布，他们的公司使命是成为人们"首选的供应商/零售商/制造商"。这段精辟的口号放在一张 Power Point 幻灯片上一定很提气，但是它到底是什么意思？谁来选？他们在进行选择时，将使用什么标准？他们怎么知道自己选对了？对这些问题，可以做出各种回答，而没有你的指点，我们作为你的群众就会不安。

还有一些领导者宣布，他们的公司使命是给股东带来回报。这一回答不仅答错了，而且还有其他问题。股东与学生的家长相似：公司和学校要完成自身使命，就必须使两者都满意，但是，两者都是完成使命的手段，而不是使命本身。宣称我们的使命是为股东服务的主要问题在于，它使我们受制于我们无法控制的力量。股东关心的是股票价格，而虽然我们当中有少数人知道，根据某种神秘的宏观经济理论，股票价格中只有15%取决于企业利润的波动，但我们大多数人都或多或少地认识到，股价受到诸多难以判断的变量的影响。所以，如果你告诉我们应当尽力为股东服务，你实际上是说，我们基本上无法决定我们最重要的听众是不是高兴。恐怕没有任何别的事更能使我们不安的了。

也许，最糟糕的回答来自这样的领导者：他眼中的世界复杂无比，并在宣布服务对象时，把话说得格外复杂。有一名软件公司的负责人说："我们有很多主人。我们不仅要为终端用户服务，而且要为客户公司的IT副总裁服务，因为他们控制购买我们产品的预算。"一名医药公司的负责人说："我们不仅为病人服务，而且为用我们的产品开处方的医生服务。"还有一位财务服务公司的负责人说："我们的服务对象不仅有个体投资者，还有向个体投资者推销我们服务的独立的投资顾问。"

这些说法的问题并不是缺乏精确性，而是过于细碎。世上的真理实在太多，而这些领导者想面面俱到，结果，他们的说法虽然精确，却令人迷茫。而迷茫最容易增加我们的恐惧。

然而，我们要为这些领导者说句公道话：世界的确很复杂，而每个组织的确为许多主人服务。那么，高效的领导者是如何既照顾到这一事实，又一目了然地回答"我们为谁服务"的问题呢？

布莱德·安德森的做法虽不能适用于所有的情况，但提供了一个答案：盯住一个主人，为他服务精益求精，然后通过他所谓的"涟漪效应"，惠及其他所有的主人。

布莱德在电子产品零售商百思买（Best Buy）供职长达30多年。他最早是在一家分店当销售经理，当时公司名叫"音乐之声"。现在，他是副董事长兼总裁。他与公司董事长和创始人迪克舒尔兹密切合作，将百思买从一家地区小店发展成一个有 600 个分店的巨无霸，在本行业首屈一指，并于 2004 年荣获《福布斯》杂志"年度之星"的殊荣。尤其令人瞩目的是，百思买突飞猛进的同时，它的主要竞争对手，如 Circuit City 和 Good Guys，利润不断下滑，时至今日，不是苟延残喘，就是干脆卖掉。总之，水涨船高不是本事，逆风而行才算高明。

一如许多持续优秀的企业，百思买的成功来源于各种因素的复杂组合，但是其中最突出的一条，就是义无反顾地为一个特定的顾客群服务。然而，他们一开始并不是这样。从 1966 年公司成立直到 1989 年，百思买从未认真思考过它究竟应当为谁服务。当时，它最关心的是扩大销售量，为此，它的做法与其他所有的电子产品零售商完全一样（有的公司现在依然如此）：在店里摆上琳琅满目的各类商品，让顾客先看得眼花缭乱，然后售货员就把顾客引到那些他们自认为可以赚一笔好佣金的商品前。

1989 年，变革开始了。迪克和布莱德都是好人，用今天的话说，是有原则的领导者，或"奴仆领导者"。举一个例子：近几年来，布莱德悄悄地把他自己价值 2000 万美元的股票期权分给了员工。他这样做时，既没有发布新闻，也没有内部通报。后来明尼安普里斯当地一家报纸通过研究百思买呈交股票交易所的报表，发现了这件事，并作了报道，使布莱德十分恼火。我并不是说他俩是圣人，但他们的确是热心利他的领导者。

基于这样的价值观，他俩对公司的现行做法越来越不满。在他们眼中，这就像钓鱼一样，引顾客上钩。他们认定，百思买如果不尊重顾客，是不会有前途的。

他们说，从现在起，我们要对公司进行重组，专门为一类顾客服务：他们希望使用我们的技术产品，但是缺乏专业知识。有的顾客很聪明，但是对我们销售的产品很外行；有的顾客不知道应当买每个频道 50 瓦还是 200 瓦的扬声器；有的顾客不知道应当买喷墨打印机还是激光打印机；有的顾客喜欢我们的数码相机的款式，但是不懂什么是"分辨率"，也不知道该如何印相片。是的，我们将尽可能地降价，但是我们的重点不是价格，而是了解顾客想学什么，然后教他们一手。为此目的，我们将减少柜台展示的商品数量。我们将拆除那些电视墙，把录像机的品种从 60 种减为 32 种。我们只展示那些长期进货的商品，并培训我们的售货员，使他们能向顾客讲解这些产品之间的不同。我们将停止给售货员付佣金，指导他们把工作重点从销售产品转为帮助顾客。总之，我们要辅导顾客，然后让他们自己挑选商品。

如果你觉得这一切都是不言自明的，那我就要提醒你，百思买的竞争对手们都在做完全相反的事：增加商品种类和售货员的佣金。当然，现在看来，百思买的直觉是对的。他们经过重组，专门为聪明而外行的顾客服务，不断发展壮大。正如布莱德在采访中对我所说："我们越尊重顾客的智慧，越帮助他们学习，我们的业绩就越好。"

到了 2003 年，尽管百思买成就斐然，但布莱德决定进行一次新的变革。他是这样一位领导者，在他看来，成功是从一个燃烧的平台跳往下一个平台的艺术，而如果他看到现有的平台不在燃烧，他就会欣然把它点燃。

他发现，提出为聪明而外行的顾客服务，虽然很明确，但仍过于宽泛。一如所有的高效领导者，布莱德用 40% 的时间，到商店第一线接触顾客。频繁的一线走访使他认识到，百思买实际上伺候好多主人。不同的分店为需求十分不同的顾客服务；他们在行与不在行的事情也各不相同。如果百思买当真要落实为聪明而外行的顾客服务的承诺，那它就必须再次重组，细分这一顾客群，并提供更有针对性的服务。

为了帮助他识别百思买不同的主人，他特意从全公司挑选了一批能人。他们与一个名叫拉里·塞尔顿的哥伦比亚大学金融教授一起，研究了大量有关顾客购买的数据，继而识别了百思买的五类主人。我虽然无权在这里透露这五类人都是谁，但我可以告诉你，其中之一有点像年轻母亲，她根本不在乎最新潮的玩意儿，而只要一家商店的布置简单明了，不至于孩子走失，同时把她需要的商品放在明显的位置，使她能看见，买了就走。另一类是独立的商人，如房地产代理、承包人、保险代理，他们最感兴趣的是能帮助他们做好生意的新技术。

到此为止，布莱德做的事情其实并没什么新鲜的。自从通用汽车公司的传奇领袖阿尔弗雷德·斯隆决定，向不同收入和生活方式的顾客提供不同牌子的汽车——雪佛莱、奥兹莫比尔（Oldsmobile）、别克、卡迪拉克——以来，企业领导者都在对他们的顾客进行细分。布莱德的创新——在我看来几乎是神来之笔——在于他决定，要一家分店只关注一至两个细分的顾客群。诚然，事实上每家分店所服务的顾客是一个混合体，但是布莱德决定越过这一事实，指示各分店仅仅瞄准一两个主人。

布莱德的部分天才在于，他把各分店的任务说得格外清晰。（他的另一部分天才在于我一会儿要提及的"涟漪效应"。）他告诉每家分店的员工，他们的主要听众是谁；向他们表明，他们要讨好的对象是谁。如此，他就把他们对众口难调的焦虑转变为信心。

百思买在帕萨迪纳的分店主要是为年轻母亲一类的顾客服务的。你到店里走走，就会发现这一信心产生的效果。首先跃入眼帘的是一辆用胶合板做的汽车，车顶上绑着两副冲浪板。在汽车的"座位"上放着头盔，内有微型屏幕，正在放映最新的"怪物史莱克"DVD。汽车边上是四五台电脑游戏机，都放在色彩鲜艳的展示盒里，一个用红色栏杆隔开的儿童活动区，还有一排装饰得像赛车和救火车的购物车。

这些布置当中，没有一项是百思买总部设计和安装的。相反，它们都是店里员工们的发明。员工们明确了为年轻母亲类型的顾客服务的任务后，认定，她进商店后，首先希望看到的就是孩子的活动区。所以他们花了一个周六做了一辆木头汽车，又用一个周日上漆，并且，为了突出当地特色，用一台纯平电视从同街的一家冲浪器材店换回几个冲浪板。

一名穿蓝衬衣的员工告诉我："我们想，孩子们一定喜欢在汽车里玩，而他们的母亲看到座位上的头盔里居然装有我们销售的微型屏幕，一定会感兴趣。当然，如果她的孩子喜欢看'怪物史莱克'DVD，这里也有卖的。"

他很兴奋，继续说："你瞧，我们把原来在这的 5 英尺高的展示架拆掉了。当妈妈的如果看不到她的孩子一定不放心，所以我们彻底重新布置了这一区域，确保母亲们的视线毫无遮挡。我们虽然为此损失了一些货架空间，但我们相信她们会喜欢的。"

我还访问了位于加州威敏寺的另一家分店，发现了同样的自信和创新。这家分店的任务是为独立的企业主服务，而我一进店门，就发现了这一特色。在一家普通的电子产品商店里，同类商品是集中展示的——各类型号的数码相机都摆在相机部，而各类型号的打印机摆在打印机部，如此等等。但是在这家百思买分店里，所有的商品都混合展示——一架打印机旁边放着一架数码相机，一个GPS定位仪挨着一部移动电话，当中还夹着一台手提电脑。我细看后发现，其实这些商品不是乱放的，而是一种刻意的组合。

一名穿蓝衬衣的员工说："我们想，独立的企业主一定希望知道，如何把这些不同的产品组合起来使用，使他们的工作更便利。你现在看到的这一组组合实际上是为一名房地产代理设计的。瞧，我们把一台手提电脑与一架打印机合起来，因为我们知道他们会从网上下载某个房子的参数，打印出来，然后现场交给他们的客户。我们还加上一架数码相机，以便他们给物业拍照，然后电邮给客户，或印成相片给他们。当然，还有GPS定位仪。有了它，他们在寻找一处物业时就不会迷路。"

"如果我是一名房地产代理，我怎么知道这组商品是专为我设计的呢？"我问他。

"我们并不想强迫他们接受我们的想法，但是我们觉得，如果我们能用一句话生动地描述他们的日常生活，就能吸引他们到这里来看看我们的商品组合。所以我们做了这个标牌"。他指向一块纸板，上面写着："我的办公室有四个轮子。"

我问他这样做灵不灵，组合是不是真的提高了销售额，他回答："并不是始终如此。起初，我们的组合并不包括GPS定位仪，而只放了一部移动电话和一张电话卡。我们认为这样做有道理，可不知为何，没人买。于是我们换成GPS定位仪，可总部的人以为我们疯了。'一部GPS要1300多美元，'他们说。'这比电话贵多了。你们连一部都卖不掉。'但我们想，我们反正要试试。于是我们把 GPS 放进去。新的组合一下子就卖火了。现在，我们卖得太快，连存货都没有。"

这时，就好像事先安排好似的，一名顾客走来，看了一眼墙上的标牌，又花五分钟细看下面的商品组合，然后决定把展示的货都买下。后来，我对他进行了采访，问他是干什么的，为什么觉得 3000 美元花得值——他是一名承包商——就在此时，另一名顾客走过来，朝同样的商品扫了一眼，然后跟第一个人一样，全买了。

鉴于这一切好得难以置信，我后来问分店经理，这种事是不是总在发生。他支支吾吾，"不是。我真希望是。但是，我要告诉你，这样的事经常发生，足以使我们保持 36% 的同比增长率"。

"同比增长率"是零售业最重要的指标之一。它指的是一家商店的销售额与前一年同一天或同一月相比的结果。如果你是一名零售商，为了发展，可以开很多新店。但是靠这种方式发展有一个问题，就是开新店很费钱，而且只能给你的销售额带来短暂的增长。相比之下，最好的发展方式是确保开张一年以上的商店今年的销售额比去年同期有所增长。如果你能取得 10% 的同比增长率，华尔街就会高兴。如果是 20% 的增长，他们就会瞠目结舌。而像威敏寺这样的 8 年老店，而且没有大规模重新装修或其他投资，同比增长率居然高达 36%，华尔街见了肯定会惊呆的。

更有甚者，威敏寺分店的业绩并非例外。由于坚持只为一类顾客服务的做法，一家接一家分店取得 25% ~ 35% 的同比增长率。不言而喻，之所以取得这样的销售增长，主要是因为员工们明确了为谁服务后，信心大增，继而判断更准确，更有创造性，更积极主动。简言之，他们集思广益，把商店布置得更适合核心顾客的口味。

然而，并不是所有的销售增长都来自每个分店的核心顾客。其他类型的顾客也做出了可观的贡献，因为尽管商店关注的中心不是他们，但他们仍然觉得自己受到了关注。

布莱德的"涟漪效应"解释了这一现象。通过要求每个分店的员工都关注一两类顾客，布莱德培养了他们透过顾客的眼睛看世界的能力。而他们通过为目标顾客服务，锻炼和加强了这一能力，并开始用它来为其他类型的顾客服务。

这种专业服务到处都能看见。例如，在家庭影院分部，员工们挂起了一个标牌，提醒顾客，如果你想买一台等离子电视，就要准备多花20%的钱，买配套的高级电缆，因为你如果不买电缆，就等于电视白花钱，所以我们情愿把丑话说在前面。在打印机分部，员工们把各种型号的电脑与不同的打印机联结，这样，你如果有兴趣，就能亲眼观察每种打印机和墨盒的打印质量。在电脑分部，一名员工把服务台从墙脚移到两排电脑货架之间，这样，当顾客在浏览电脑型号时，就能随时向身穿蓝制服的员工请教。在个人导购分部，员工不仅为年轻母亲们提供帮助，也为其他各类顾客服务。

所有这些改革都不是伤筋动骨的大动作，而是一些很平常的小举措，然而，它们相互配合，日积月累，就产生了大成果，使顾客感到，商店的员工处处为他们着想。

不言而喻，每个企业都希望，虽然它的顾客千差万别，但都能有这样的感受。布莱德的高明之处就在于，为了达到这一目标，让他的员工专心为一两类顾客服务。

可是，让我惊讶的是，当我向布莱德谈到人们对清晰的需求时，他却表示怀疑。

"我更喜欢模糊，而不是清晰，"他说。"我觉得，把话说得太明白会让人故步自封。相反，我要所有的员工都摆脱顾虑，挑战常规，尝试新的技术。我觉得，惟有这样才能使整个组织保持学习的动力。而这是我们唯一的生存之道"。

然而，他的问题与讲明为谁服务并不冲突。一如上述，布莱德极善于用生动的语言向员工说明，他们的主要服务对象是谁。他现在说的是，一名领导者不必什么都讲明白。事实上，他说得更直接：一名领导者切勿把所有的事情都讲明白，特别是在具体策略上，他应留出足够的余地，让员工去自由选择。是的，他应当讲清楚，谁是服务对象，然后积极鼓励员工设计创新的服务方式。如他所言，这是组织唯一的生存之道。

因此，为了成为一名优秀的领导者，你必须讲明谁是服务对象，继而将员工的焦虑转化为信心。你如果愿意，尽可以委托专业公司进行市场调查和焦点座谈，但是归根结底，你成功与否，不取决于复杂的顾客分层研究，而取决于在选定目标顾客后，能否用最生动的语言描述他们的需求。惟此，你所领导的群众才能获得信心。

至此，我们所列举和引用的领导者都是最高层的主管，有权决定全公司的服务对象。如前所述，虽然他们必须把这件事做好，但这并不意味着企业的其他领导者只需背诵一把手的指示。一个企业的所有分部和部门都必须为其面对的内部或外部顾客创造价值。你如果领导其中一个分部或部门，就必须像你的 CEO 对全公司那样，尽可能精确和生动地界定自己的顾客。虽然你实施领导的舞台可能小一点，但是就讲明他们的服务对象而言，你的部下有着同样急迫的需求。

不言而喻，其他三种对于清晰的需求也是这个道理。

2. 我们有什么核心优势？

30 年前，彼得·德鲁克在《卓有成效的管理者》（ *The Effective Executive* ）一书中写道，效率最高的组织"发挥优势，同时使它们的弱点无关紧要"。当时，他的高见遭到一些人的怀疑。"难道一个高效率的组织不应当全面发展吗？难道它的成效不受弱点的限制吗？"虽然这些担心不无道理，但是，一如德鲁克的许多真知灼见，它们经受了时间的检验。

丰田公司之所以成为世界上最成功的汽车公司，是因为它的方针是生产世界上最可靠的汽车，而不是性能最好或设计最时尚的汽车。

沃尔格林之所以成为全国销售额最大的药品连锁店，不是因为它的价格最便宜——它经营的大部分商品在沃尔玛或好市多（Costco）更便宜——而是因为它最便利。你无论住在哪里，八成都能在附近找到一家24小时开业的沃尔格林分店，而且几乎肯定有你想找的东西。

微软之所以称霸全球，不是因为它设计了便于使用的应用软件——它的许多竞争对手的产品比它更好用，更安全，而且更不容易死机。相反，它称霸的绝招是与大公司建立战略同盟。这种结盟的优势使它得以将自己的软件与IBM、戴尔和英特尔等硬件制造商相结合，同时把这一软件和硬件的打包产品卖给财富500强公司的IT部门。

相比之下，苹果公司在结盟上臭得不行。它对其产品的硬件和软件都抓住不放，一直没学会如何与大公司的IT部门搞好关系。显而易见，由于这些弱点，苹果公司失去了大量市场份额。不过，史蒂夫·乔布斯（Steve Jobs）[①]通过发挥其核心优势，建立了一个火爆的企业。他说，这一优势就是"不仅发明一种'酷'技术，而且使它的应用傻瓜化。我们一直这样做。Mac电脑就是一例。"后来的iPods/iTunes组合也是如此。

因此，如今大部分的明白人都会同意，"发挥优势，同时使你的弱点无关紧要"是最有效的策略。有待说明的是，它为什么如此有效？一如关于为什么必须讲明服务对象的解释，对此最常见的解释是：它帮助你决定把时间和资金用在什么地方。如前所述，这一从资源分配出发而给出的解释有它的道理。以下是乔布斯2004年接受《华尔街日报》采访时的片断，进一步说明了他的观点：

> 我们考虑了许多可能，但是我感到自豪的不仅仅有我们做的事情，而且还有我们没做的事情。…… 我们遇到了巨大的压力，要我们生产一种PDA（个人数字工具）。我们考虑再三，说，等一等，这东西90%的用户只想从中获得信息 …… 而手机就能满足。所以，进入PDA市场就等于进入手机市场。而在手机市场，你的客户只有5

---

① 史蒂夫·乔布斯（Steve Jobs）：苹果公司创始人。——译者

家公司。而我知道我们干这事不太在行。

沃尔格林公司判定，它要突出的优势是便利，于是投资数十亿美元，建立卫星信息系统，以便全国的沃尔格林分店都能根据你的处方抓药。同样，丰田公司决定突出产品的可靠性，他们知道，与宝马和宝时捷公司花重金雇请克里斯·班戈尔和迈克尔·莫尔这样的大牌汽车设计师，然后围着他们转相比，把时间和资金用于改进制造技术能获得更好的回报。

但是，一如上述，尽管这种从资源分配出发的解释不无道理，但是它并没有把问题点透。你作为一名领导者之所以必须讲明你所在组织的优势，主要是由于一个情感而非理性的原因。我们作为你的追随者，对未来充满了焦虑。为了将我们的焦虑变为信心，你就必须告诉我们，为什么我们能赢。你必须告诉我们，为什么你能如此清晰地看到一个更美好的未来，并且我们能在这个未来取得成功。我们将遇到许多竞争者，为什么我们能打败他们？我们将遇到许多障碍，为什么我们能克服它们？我们将有什么优势，什么绝招？你对这些问题的回答越清晰，我们就越有信心，继而越坚韧、越持久、越创新。

有趣的是，你所强调的优势无需反映现实。你的看法对不对不要紧，关键是清晰。在这里，我并不是建议你混淆事实，而只是告诉你，把话讲明白是一种建设性的行动。如果你讲明白了，我们作为你的追随者会让你对的。

如今，布莱德·安德森在全国周游，告诉所有愿意听的人，百思买的优势在于各分店里每个员工的优良素质。"我们的蓝衣队员，"他说："是你最聪明的朋友。我们在为这些岗位选人时，格外小心仔细。我们挑选的人都经过专门培训，懂得如何教授你想学的东西。而且我们会用最先进的信息技术武装他们，以便回答任何你想问的问题，即使问题与我们所销售的产品无关。"

他说百思买的优势在于它的员工，这对吗？我不知道。回想一下你上次在百思买的购物经历，可能你感觉好极了，也可能不怎么样。布莱德的高明之处并不是他对现实的把握有多么准确，而是他的言词指导了 10 万员工未来的行动。他透过他们千头万绪的日常工作，为他们指点迷津。他告诉他们，无论他们在哪个具体部门工作——营销、销售、运营、库存管理、IT、人力资源——他们都必须用最大的力量来选拔和培训最优秀的员工，并且向他们提供最及时的信息和最优良的设备。如此，他就为他们输入信心，而这一信心的基础，就是他们深信，只要做好一件事——加强一线——百思买就能取胜。这一眼前的信心将为百思买创造一个更美好的未来。

在我研究过的领导者中，有一位叫普雷斯顿·齐阿罗，他是从事硼矿开采和精炼业务的力拓（Rio Tinto）公司的子公司力拓硼砂（Rio Tinto Borax）公司的总裁。他喜欢讲自己公司的核心优势，尽管未必准确，却十分清晰，继而在员工心目中创造了一个更美好的现实，堪称一绝。

1998 年 7 月 17 日，跨国矿业公司力拓公司遭受了有史以来最惨重的事故。在它位于奥地利拉辛的一个滑石矿里，一条巷道崩塌了，一个名叫乔格·海恩兹尔的矿工被困在里面。一支 10 名矿工组成的抢救队很快被派往井下实施救援。然而，当他们降入主巷道时，发生了第二次塌方，摧毁了剩下的巷壁，使 10 名矿工全部丧命。10 天后，奇迹发生了。人们在一个水雾弥漫的角落发现了仍然活着的乔格·海恩兹尔，把他救了上来。

悲剧发生 6 个月后，普雷斯顿被任命为硼砂公司的总裁。由于发生了拉辛悲剧，加上他过去当过环境工程师，他决定，从这天起，硼砂公司将把安全作为自己的优势。他宣布，"每个员工晚上下班时，必须与他们早上上班时一样健康和安全。硼砂公司将成为整个力拓公司的安全标兵。我们深信，只要我们做到这一点，其他所有的事情——产值、效率、利润——就会纲举目张"。

这一声明其实并不反映当时的实际情况——普雷斯顿就职那年，硼砂公司共发生 38 次伤亡事故（total injuries）和 26 次事故缺勤（lost – time injuries），在力拓公司的所有分公司中排在当中。但是，他的话既生动，又清晰。而正是这种清晰激发了每个员工，要把这一愿望变为现实。今天，你如果参观他们的设施，就会立即意识到，关于"安全是我们的优势"的口号在指导每一次行动、每一个流程和每一次会议。说真的，在我的所有研究中，没有一家公司像他们那样用一个目标统率一切。

加利福尼亚沙漠中的爱德华空军基地以北几英里处，有一个地方叫鲍隆，这里有硼砂公司的一个矿井。驱车前往此地的路上，首先映入眼帘的是路边的一个巨大的标语牌，赫然写着公司的安全使命：

> 硼砂公司保护每个员工和来访客人的健康和安全。我们的终极
> 目标是在全球运营中防止一切工伤和疾病。

看到这，我感到好奇，但并不惊讶——使命声明就像竞选的许诺：好说不好做——我停车把它记下来，然后继续前进。很快我看到了另一个标牌，在用大号的数字屏幕测量和显示我的车速：38、39、38、41。

"减速，"它对我喊道，"限速每小时 25 英里"。

我内疚地看看周围，然后把车速降到 25 英里。

在大门口，门卫问了我的来由，打电话证实我的约会，然后侧身对我说，"瞧，我要给你一张安全培训证书。但我要先问你几个问题。你在矿区驾车时能遵守限速规定吗？"

"哦，是的，"我回答，更内疚了。

"你会时刻系保险带吗？"

"是的"。

"你进入矿井时会戴这个吗？"她递给我一顶安全帽。

"会"。

接受了这番入门教诲后，我驱车来到行政楼，途中见到另一个大标牌，上面写道，"鲍隆矿：821427 小时没有事故缺勤。"我停好车，由人陪伴来到会见室。三名硼砂公司的高管走进来，寒暄一阵后，我开始根据准备好的问卷提问。

"瞧，马库斯，"一位高管插话："我们开始前，我想提醒你，这儿容易

刮大风，特别是在58号公路上。所以，你开车回家时，一定要双手握住方向盘。"

"哦，谢谢"。

"说得对，"另一位说。"我发现这里的风不仅大，而且时弱时强。千万不要因为风停了就松手。因为你一拐弯就可能遇到狂风"。

"我们谈话时，"第一位又说："你要知道，这座楼里有三种警报。一种是间断的，是撤离大楼的警报。第二种是持续的，要求全体到大厅集合。第三种是入侵警报，听起来就像这样。"他接着发出一种呜呜的怪声。"如果你听到这个警报，就在这间会见室里待着别动"。他接着告诉我出口在哪里，还在我的安全培训证书上指出紧急电话号码，并告诉我用哪种方式提我沉重的背包最安全。

这一切固然都是好心，但是占了不少时间。此时，空中飞过了几架喷气战机，震耳欲聋。他正要就飞机噪声再发一通警告时，我忍不住插嘴，"我不想失礼，但是我来这不是讨论安全的。不要以为我不领情，但是我们现在能不能进入正题？"

他们不语，有点尴尬；为我而尴尬。我意识到，刚才的对话并不是故意为一名爱打听的访客演戏，而是硼砂公司的常规。

普雷斯顿就任总裁时，下令所有的会议都要用前五分钟讨论安全。他把这叫做"安全分享"。无论会议是什么议题，也无论谈的是个人安全还是工作安全，反正每次会议开始时，都要进行"安全分享"。

为使安全成为硼砂公司的优势，普雷斯顿做出了义无反顾的承诺，而上述程序只是其中一个小小的组成部分。在他看来，硼砂公司不能仅仅通过改进工作条件来增进安全。是的，他说，我们需要确保所有的工作场所都有充足的照明，所有的台阶和扶手都完好无损，所有的设备都安全放置，但是这些硬件的改进是不够的。为了使安全成为优势，我们必须从根本上改变每个员工的态度。我们必须使安全成为每个人的头等大事。我们必须到处讲安全。

我在硼砂公司逗留了两天，参观了不少部门，亲身体会到他是多么成功。

例如，每个员工都必须制定一个个人安全改进计划。一个名叫约翰·金尼博格的矿井经理在他的行动计划中不仅列有工作任务，例如：

- 我要引进设备模拟器，来减少设备损坏。

而且还有个人安全任务：

- 我要进行一次皮肤癌普查，并坚持戴太阳罩。
- 我驾车时要关注路面情况，随时预防不测，并遵守我在史密斯驾车培训中学到的"5 要诀"。

甚至还有：

- 我要花时间告诉孩子们如何在院子里和家里确保安全。

每个员工都接受过关于五个安全行为的培训。我在访问过程中曾抽查过一些员工，他们都能脱口背诵：

- 看着路面。
- 看着你的手。
- 注意防火。
- 谨防失手。
- 维修设备时，务必停机。

为了表彰 20 名最安全的员工，公司特意设立了一种新的奖励。这 20 名"安全的骡子"——这名字起源于 20 世纪 20 年代，当时，有 20 队骡子负责把硼矿石从沙漠中运出来——加在一起，共有 711 年无工伤。领头的叫吉恩·范·霍恩，他在硼砂公司当了53年的货运员，从未受过一次工伤。

如今，硼砂公司对安全的承诺深入人心，甚至惠及矿山周围的野生动物。例如，现在硼砂公司雇有一名乌龟专家。鲍隆矿周围有不少加州沙漠龟，时常受到矿工的惊吓。这倒霉的家伙一被吓着，就撒尿。而鉴于沙漠龟行动缓慢，往往在找到水源前就脱水了。乌龟专家的工作就是从背后接近它，把它的尾巴塞到后腿下面，以防它撒尿。如果来不及制止，就把它拎起来，放到附近的水塘或小溪里去。

尽管这一例子听起来有点荒唐，好像是矿山的某种奇怪的公关行动，但普雷斯顿并不在意。他要用公司的业绩来证明一切。1999年，硼砂公司共发生38起伤亡事故。今天，这个数字减为13。在称为"事故缺勤"的严重工伤方面，进步更为明显，从1999年的26起降为2003年的4起。由于这一成绩，硼砂公司获得了集团总裁的安全奖。不仅如此，正如普雷斯顿所预言的，其他绩效指标都相应上升。今天，力拓硼砂公司更加高产和高效，并且，用股东回报测量，达到历史上企业价值的最高点。

毋庸讳言，硼砂公司在这三个关键指标上的优异表现，有许多原因，但是普雷斯顿确信，其中一个重要原因就是他发起的"使安全成为我们的优势"的活动。在对他的企业进行了现场调查后，我克服了起初的怀疑，不仅觉得他说得有理，而且由衷地钦佩他。

无论如何，见到这些充满自信的员工，由不得你不佩服。他们克服了当年拉辛惨剧的阴影，在安全的基础上充满了必胜的信心。

你如果要你的追随者充满信心地跟着你迈向一个更美好的未来，就应学学普雷斯顿：明确告诉他们，他们的核心优势在哪里，继而使他们专心致志、信心百倍地去拼搏，把理想变为现实。

3. 我们的关键指标是什么？

我在为本书作研究时，采访过戴维·拉姆斯博瑟姆将军和爵士。戴维爵士曾任英军副司令，退役后不久被任命为英国监狱总检察官。他上任时，英国的监狱系统真是一团糟。今天，在他的铁腕领导下，情况大有好转，可他仍不满足。

我开门见山地问，你究竟做了什么来扭转局面的？

"说真话，我并不能想干啥就干啥。你瞧，我是总检察官，不可能走到各位监狱长面前，命令他们改变习惯。相反，我要通过改变我们检查监狱的方式来引导变革，而此举的核心就是改变对各监狱的评测指标。现在回想起来，我的最大贡献就是发现了一个更好的方法来评测成功"。

"英国过去是如何评测监狱成功的？"我问。

"我们过去只用一个指标：逃犯的人数"。

我笑了。

"马库斯，这不像听上去那么傻，"他说。"你到底关了多少人？其实用这话问一个监狱挺有道理的"。

"那你为什么不用它作关键指标呢？"

"我首先想到的问题是，监狱是为谁服务的。经过一番思考，我认为，监狱的主要目的不是通过抓罪犯而为社会服务。这当然是一个目的，但不是主要目的。监狱的主要目的是为犯人服务。我的意思是，犯人服刑时，我们必须对他做一些事情，这样，他获释回到社会后，就不容易重新犯罪。马库斯，并不是所有的人都同意这一结论，但是鉴于我深信自己正确，我认定，要评测一个监狱的成功，我们只能使用一个指标：重新犯罪的人数。"

现在看来，你会觉得，用重新犯罪的人数来评测一个监狱的长期成功是不言而喻的好方法。但是，谁都能当事后诸葛亮，难就难在先见之明，而且像戴维爵士那样，一旦看清方向，就用一个军人特有的纪律和专注采取行动。

采用了新的评测指标后，他在整个监狱系统大动干戈——原来根据旧指标被评为先进的监狱现在排到最后，而后进的监狱突然成为标兵。他挑战每个监狱的管理团队改变关注点，动脑筋设计新的方案来教育在押犯，以便他们获释后，重新融入社会。如你所料，由于各监狱管理团队的素质不同，他们的进步也参差不齐。但是，英国监狱系统的所有领导都被迫重新思考他们的工作重点和重新评测他们的成就。

我讲述戴维爵士的经历，并不是为了分析监狱改革的各种复杂因素——因素多得很，足以写几本书。我的第一个目的是提醒你，指标的威力无穷。俗话说，"测量什么，就管理什么"，"检查什么，就做成什么"。道理很明白。

我的第二个目的是告诉你，作为一名领导者，你的责任是理清许多可以测量的东西，然后锁定一个你的追随者必须关注的关键指标。你如果希望我们跟着你，就必须告诉我们，我们应当使用什么指标，来测量我们通往未来的进程。未来的森林又黑又密，令人畏惧，因此，你必须把核心指标告诉我们，继而让我们知道我们已经走了多远，还要走多远。

千万不要给我们一张写着 5 个、10 个甚至 20 个指标的得分卡。千万不要把我们的组织能想到的各种指标都拿给我们，美其名曰"平衡记分卡"。如果你是一个酷爱分析的领导者，平衡记分卡会让你高兴，因为靠它你就能在复杂的世界里建立某种秩序。但是，作为你的追随者，我们对你的记分卡是否平衡毫不在意。不管它平衡不平衡，反正指标太多，太复杂。用它来测量我们的进程，会弄得我们手忙脚乱，不知所措。这种繁琐哲学会把我们搞糊涂，让我们不安。它会耗尽我们的精力，瓦解我们的信心。

你如果还想设计一个平衡记分卡，那就留给你自己和身边的高管们用，在董事会上拿出来，在高管们聚会时讨论它。你如果愿意，还可以用它来对你的直接部下进行绩效评估。但是，千万不要把它传达到我们每个人。不要把它当作你实施领导的基石。你如果要我们跟随你奔向未来，就必须删繁就简，给我们一个指标、一个数据来测量我们的进程。给我们一个能够去行动的指标，一个能评测我们如何为目标客户服务的指标，一个能够测量我们的优势的指标。如果你能锁定一个能达到以上部分目的或所有目的的指标，我们就会用对你的信心来回报你。

普雷斯顿·齐阿罗就是这样做的。其实，普雷斯顿酷爱平衡记分卡，并要求他的所有部下人手一张。他甚至命令他们把这些记分卡放在公司的内部网站上，让全体员工都能看到。但是，他意识到，平衡记分卡只是一个管理工具，而不是领导工具。它能帮助他对一个人提出要求，但是无助于他向群众把话讲明白。惟有"使安全成为我们的优势"这样的活动才能起到这样的作用，正因为如此，他只关注、宣传和表扬一个核心指标：事故缺勤的数量。

布莱德·安德森也是这么做的。他向员工讲明他们的服务对象，并指出，他们的优势在于一线员工的智慧、洞察和创新，然后顺理成章地锁定一个核心指标来测量他们通往一个美好未来的进程：敬业员工的数量。

百思买使用 12 个简单的问题来测量员工的敬业度。这些问题包括："你知道对你的工作要求吗？""你觉得你的主管或同事关心你的个人情况吗？"和"在工作中，你每天都有机会做你最擅长做的事吗？"（你可以在我的第一本书《首先，打破一切常规》的第一章中找到所有 12 个问题，盖洛普的研究人员称其为 Q12。）虽然百思买评估日常绩效采用各种各样的指标——销售额、利润、损耗、配件、保单，等等——但布莱德认定，最重要的指标是每个分店有多少员工完全投入他们的工作。他的推理是，惟有对每个员工进行高超的管理，他们才会充分发挥聪明才智，顾客才能获得优质服务。说到底，这意味着讲明要求，实现工作与个人才干的匹配，经理关心每个员工，对他们的优秀表现及时表扬，并使员工感到他们在工作中不断学习和成长——总之，创造用 12 个问题来评测的工作环境。

虽然百思买的成功可以用各种方式来评测，但是布莱德认定，如果每个分店都能增加敬业的员工，其传统的绩效指标就能获得相应的改进。实际数据证明他是对的。今天，他能用数据证明，在整个百思买公司，员工敬业度每增加 2 个百分点（用 12 个问题评测），就能增加 7000 万美元的利润。

鲁迪·朱利安尼市长的做法相同。虽然他可以使用各种指标来评测纽约市的成功，但一如所有高效的领导者，朱利安尼认识到，最有效的方法是让他的部下专注于一个指标。他选择的是犯罪率。他并不忽视其他指标，而只是认定，他和部下们如果能够减少犯罪，其他所有指标——财务信用、游客人数、新开张的企业甚至认领的孩子数量——都会改进。

数据证明了他的睿智。他任职 8 年中，犯罪率大幅下降——整体犯罪下降 57%，谋杀下降三分之二，强奸和盗窃分别减少 1200 起和 62000 起。鉴于他把打击犯罪作为重点，这是可以预料的；而出人所料的是，其他所有指标也在好转：1994—2001 年，成功认领的孩子从 1784 个增至 3148 个；游客从 2590 万人增至 3740 万人；贷款信用的专业评估机构穆迪公司将纽约的信用从 Baa1 提高到 A2。

我在赞扬这些领导者的成就时，并不想强调他们选择了唯一"正确的"指标，因为世界上是没有唯一"正确的"指标的。与朱利安尼形成对照的是现任的伦敦市长肯·利文斯顿，他的重点不是打击犯罪，而是解决交通阻塞，而且为此不惜得罪一些人。如今，你如果想驾车进入伦敦中心，就必须付 8 英镑。

我想强调的是，这些领导者通过锁定一个核心指标，为群众理清了思想，继而使他们更加自信，更加坚韧，更富有创造力，而这些素质接着产生布莱德所谓的"涟漪"效应，溢入企业的每个角落。

你如果想取得他们的成就，就应采取相同的行动：考虑现有的各种指标，然后选择一个指标，这个指标应与你的团队所服务的对象相符合，或对你在他们身上发现的优势进行量化，并且，更重要的是，应在他们的行动范围之内。选定指标后，你应全力宣传它，并对达标行为进行奖励。你应对你的团队宣布，他们如果想知道自己在通往美好未来的旅程上走了多远，就应相信并使用这一核心指标。

在理想的情况下，这一指标应成为成功的先导指标，例如员工敬业度或员工安全，或犯罪率；而不是滞后指标，如销售额、利润率或税收。然而，从群众的角度看，最重要的是它必须清晰。

4. 我们今天能采取什么行动？

告诉一名领导者采取行动，就像催促一名篮球运动员投球一样多此一举。如同篮球运动员，领导者在"场上"承担许多职责，然而，除非这些活动导致一个时刻:跳起、瞄准、投篮,就不会有任何成果。领导者还有一点与篮球运动员一样:他知道,即使许多球投不中,他也要投下去。无论是否投中,每投一次,他都会对自身、环境、团队和对手产生新的理解和体会,继而使下一次投球更准确。此外,正如篮球巨星韦恩·格雷茨基(他也打过一段冰球)所言,高效的领导者知道,所有他不投的球都是不中的。

所以,每个领导者都要行动,因为只有行动才能出效果。但是行动还有一种独特而强大的效应:行动是毫不含糊的,它们是清晰的。你作为领导者如果能宣布一些精心挑选的行动,那我们作为你的追随者就会欣然服从你的决定,用这些行动来消除我们对未知的恐惧。在你的明确行动的指引下,我们无需根据"核心价值"或"使命声明"之类的理论纲领来判断未来,而只需看看你在采取什么行动,就能获得信心。

你如果用这种方式来利用行动——作为讲明目的的手段,而不仅仅是实施变革的工具——就应认识到,我们最容易响应两种截然不同的行动:系统的行动和象征的行动。两者都能产生强大的影响,但是以不同的方式来讲明目的。

系统的行动割断我们的日常活动,迫使我们投入新的活动。它的作用是要我们改弦易辙。

象征的行动不改变我们现在做的事,而只是引起我们的注意。它的作用是要我们转变注意力,关注新事物。

高效的领导者知道如何用两种方式来达到目的。

鲁迪·朱利安尼就任纽约市长时,曾大谈概念。他宣布,他希望改进生活质量,降低犯罪率,刺激商业,继而恢复这座城市的昔日辉煌。但是他也刻意向我们描述他要即刻采取的三个行动。第一,他要清除在路上强行给汽车擦玻璃的人。在大部分纽约人心目中,这种人是纽约固定的街景。他们穿梭于从曼哈顿排队等着过桥或过隧道的车辆之间,故意把一块湿的脏布扔到车的挡风玻璃上,然后逼着你付钱,再把玻璃擦干净。朱利安尼认为,这给每个到达和离开纽约的人留下极坏的第一和最后印象,决心根除它。无论纽约市民对他采取的法律措施怎么看——他以违反交通法逮捕了这些人——反正大家高兴地看到，不到一个月，他们全都没影了。

第二，朱利安尼下令，要清除地面公交车和地铁里的所有涂鸦。这事有相当的难度——从技术上讲，负责管理这些车辆的是公交局，而不是市政府——但是他把20多个部门的代表召集起来协商，继而突破官僚机构的相互扯皮，把事情做成了。

第三，他修改了出租车和包车的规定，要求从现在起，每个出租车司机都必须穿有领衬衣。在他看来，游客刚出机场或火车站，如果首先遇到的是一个穿着一件汗津津的T恤衫，蓬头垢面的出租司机，会令纽约市难堪。

这些行动对不对，我说不准，但是作为一名当时的纽约市民，我深知其中每一项都有深刻的象征意义。它们不仅表明朱利安尼是一个说到做到的领导者，更重要的是，它们吸引了我们的注意，生动地向我们展示了他正在努力创造的美好未来。

清除擦玻璃的流民、地铁涂鸦和衣冠不整的出租车司机都是象征性的行动，而"综合统计"（CompStat）的举措则是系统的行动。朱利安尼就任后不久，一位名叫杰克·梅普尔的警察局副局长告诉他，纽约市能每天统计并报告犯罪发生情况。其他大部分城市都没有这个能力，而是依赖联邦调查局的季度、甚至是年度报告，来跟踪七种主要犯罪——谋杀、强奸、抢劫、暴力袭击、盗窃、纵火和盗车的趋势。然而，这些数据虽然对于判断趋势很有用，但由于严重滞后，对于行动计划几乎毫无用处。

由于有了每天的犯罪数据，朱利安尼便打破警察局的日常流程，推出一周两次的"综合统计"会议。周四和周五早上7:00，会议在警察局大楼召开，共有100名高级警官到会，研读数据，寻找规律。每次会上，都从纽约8个区的警察分局中推出一名局长向他的各位同僚讲解本区的治安情况。如朱利安尼所言，这些会议是不讲情面的："那些日子里，平素谈笑风生、衣冠楚楚的杰克·梅普尔会起身质问一名分局长：'全市盗车案下降了20%，为什么你的管区却上升10%？'或'请你解释一下，为什么暴力袭击连续6个月下降，却从上个月起回升？'"但是他认定这样不讲情面是必要的，因为用他的话说："它们有助于增强透明度、责任制、全面分析和交流经验。"

关于这些结果，市长说的是对的，然而，它们中的每一条都是管理的结果，并没有使群众对一个美好的未来产生信心。它们的作用只是告诉大家，市长的要求是什么，以及每个人为了达到这些要求需要做什么。

如果说这些会议产生了某种领导的作用，那就是它们把话说明白了。它们强迫人们改变习以为常的做事方式，转而做出清晰无误的全新举动。说穿了，朱利安尼在告诉他的手下，"我不管你过去周四和周五早上 7：00 在哪里，从现在起，你们都来参加我的'综合统计'会议。我说过要为纽约创造一个美好未来，这个会议和它的全部内容就是我的行动"。虽然没有人喜欢当众被剋，但是把话说得如此明白，使所有的参会者都自觉或不自觉地获得鼓舞和鞭策。

如果仔细考察，你就会发现，几乎所有的高效领导者都善于使用象征的或系统的行动。在硼砂公司，普雷斯顿·齐阿罗竖起标牌，宣传公司的安全使命，安全记录，以及访客的限速，属于象征的行动，类似的行动还包括给所有访客发安全培训证书，奖励 20 名"安全骡子"，甚至雇一名乌龟专家。相比之下，"安全分享"和个人安全改进计划等是系统的行动，旨在确立新的行为模式。

布莱德·安德森象征性地决定把电脑救援部从商店的后排（"我们为什么要宣传电脑可能死机呢？"）移到前排（"我们知道它们会死机。但我们会随时帮助你。"），以此表明，百思买尊重顾客的智力和需求。另一方面，他决定把员工的敬业度作为所有分店的主要考核指标，并要求各店改变流程，以便腾出时间来实施员工敬业度调查，审阅结果，并制定改进计划，这都是变革性的和系统性的行动。

我们还可以回顾一下那位叫兰迪·弗戈尔的矿工队长。当他告诉手下用防水帆布遮住他们躲藏的洞口时，这是一次象征的行动——旨在把他们的注意力从上涨的洪水引开，转而关注更有希望的事。救马克也是一次象征的行动——不是对马克，而是对其他人。通过救同伴，大家鼓舞了士气，继而增加了信心：他们最终都会被营救。然而，一如所有的高效领导者，兰迪知道，象征的行动虽然有效，但远远不够。他必须帮助手下摆脱绝望，同时推动他们采取某种系统的行动，继而更生动和更真实地向他们展现美好的未来。于是，他决定，每隔1小时，就派两名矿工涉水走到巷道被救援队打通的地方，用榔头在穿透巷壁的钻头上敲击三下，告诉地面的救援人员，他们在等着救援，而不是收尸。

可见，当你努力带领我们迈向一个美好的未来时，务必牢记，我们需要清晰，而行动——无论是象征的行动，还是系统的行动——的最大功效在于它们无比清晰，令人欣慰。你如果能认真考虑所有可能的行动，然后选择几个能引起我们注意或改变我们常规的行动，那我们对你和你所描述的美好未来的信心就会成倍增长。

领导的修炼

"顶级领导者如何把话说明白？"

不久前，我在与一名企业高管的交谈中，反复强调对部下把话说明白的重要性，突然，他打断我的话，问我，既然清晰对于实施领导如此重要，那他该如何把话说明白呢？

问题问得不无道理。大部分企业领导者都有一张记事日历，上面写满会议和其他活动。说真的，我在为此书作研究时，为了与这些优秀领导者约谈，真是费了大劲。这使我想起《纽约客》杂志上的一幅有名的漫画：一位企业高管扫了一眼桌上的记事日历，接着乐呵呵地拿着电话说，"没时间怎么样？没时间对你合适吗？"

日理万机的领导者所面临的挑战不仅是开会没完没了，而且每次会议的议题截然不同。当今的领导者必须成为精神的杂技演员，刚刚研究过接班梯队，就要接受电视台采访，接着讨论要不要炒掉广告商，然后商量一宗地产交易，最后又回头研究接班梯队。

所以，面对来势汹汹、千差万别的需求，你该怎样对部下把话说明白呢？

你可以采取好几个步骤，但你必须认识到，前提条件是你必须具备这样的能力：从纷繁复杂的外部世界中提炼出真知灼见，讲明你所在的组织为谁服务，它有什么核心优势，应使用什么核心指标，或采取什么象征的或系统的行动，而这种能力部分地取决于你的才干。

有的人天生喜欢模棱两可的思索，而无法忍受大白话；无论什么培训都无法阻止他们面面俱到，刨根问底。时间长了，人们可能赞美他们的创造力，但清晰从来就不是他们的强项。这种人可以做一些能给他们充分回报的重要工作，特别是需要探讨各种可能性的工作，但是他们不适合当领导。

然而，如果你希望当领导，很可能你的确具有某种提炼的才干，使你能透过复杂的表象，寻找清晰。真如此，你要回答的下一个问题就是，"你该做些什么来磨砺这一才干，继而承担不断加深和拓宽的领导责任呢？"

我的研究表明，虽然没有两个领导者是完全一样的，但所有的高效领导者都在其工作生涯中进行几种修养，来帮助自己把话说明白。我在本章的末尾，要简单描述三种最流行的修养。只要下工夫，它们就能帮助你提高领导效能。

修炼1：花时间思考

首先，我所研究过的顶级领导者都迫使自己在百忙中抽出时间来思考。他们都喜欢独处和沉思。他们似乎都认识到，思考的时间是无比宝贵的，因为它迫使他们回顾往事，理清思路，让创意自由碰撞，最后做出判断。正是这种判断的能力使他们能把话说得如此明白。

布莱德·安德森规定自己每周抽两小时散步。此举不仅锻炼了身体，而且给他时间思考。

特里·莱希爵士不带手机。他认为坐汽车、火车和飞机的时间最便于思考，所以不让任何人打扰。再说，别人知道他的去向，总能在目的地找到他。

Chick－fil－A公司的总裁丹·卡西在乔治亚州北部山区有一座与世隔绝的小木屋，每季度都会去一次。我问他干什么，他回答："什么也不干。我只是用这些时间来思考自己认定的事情。"

那么，高效率的领导者在独处的时候究竟思考什么呢？我想，肯定什么事都有，但是他们思考的题目中总是有优秀和成功。为什么这次行动比其他行动好得多？为什么这些顾客比其他人忠实得多？为什么这支管理团队比其他团队顽强得多？与大部分社会科学家不同，他们明白，成功不是失败的反面，而只是不一样。因此，他们如果想了解成功的特点，就必须专注。说到底，他们认识到，与失败了却不知道为什么相比，成功了却不知道为什么其实更有害。因为他们如果不能分析成功，就难以重复它。

鉴于你读到这里，已对布莱德·安德森的情况相当熟悉，我就再举一个他的例子。2004年，他开始推动顾客定位的行动时，先在全国各地30个分店进行试点。每个分店都被告知其核心顾客是谁，然后就其核心顾客的需求对员工进行培训，并向他们传授由公司总部人员针对不同顾客的生活方式而设计的具体方案，例如个人导购或产品搭配，以便满足顾客的需求。

虽然所有的分店都有进步，但布莱德很快发现，其中8个试点分店超出别的店一大截，其同比增长率高达30%多。此种业绩的差异使他颇为不安。为什么这8家分店鹤立鸡群？他们有什么别的分店所没有的优点呢？他如果不能识别它，就无法复制它，而他如果不能复制它，就没有信心在全公司推开顾客定位的活动。

于是，他来到这8家店，与顾客交谈，观察员工的表现，然后又来到其他分店，与它们的顾客和员工交谈，最后又来到8家模范店，再次交谈、倾听和观察。每周他巡视时，都要反复思考。

几个月后，他得出了结论。那8家店之所以出类拔萃，并不是因为它们新，或核心顾客相同，或都位于市中心，也不是设在郊区的购物中心里。事实上，它们优秀的原因是，它们的员工更加敬业。他们士气更高，更自信，并且更爱动脑筋，用各种方式来满足顾客需求。

例如，在 30 家试点分店里，平均有 14% 的顾客接受个人导购服务，而在 8 家店里，这一数字高达 50%。为什么？原因其实很简单：有几个员工发现，不少顾客不好意思一进门就找个人导购，于是发明了一个新岗位，称为娱乐专家，其主要职责就是在顾客浏览商品时（主要在 CD 和 DVD 分部，所以起这样的名字），跟他们套近乎，解释个人导购的概念，并视情况把顾客介绍给一名个人导购员。

其他一些创意，如用平面电视换冲浪板，用胶合板做汽车模型，设计儿童活动区，在"我的办公室有四个轮子"的商品搭配中把手机换成 GPS，等等，都是这 8 家模范分店的员工想出来的。

布莱德认定，这些点子之所以产生，并不是因为这些员工更聪明，而是因为有人鼓励他们充分发挥其聪明才智来满足顾客的需求。一句话，他认定，这些分店的员工们，从副总裁到各部门和各层级，就是比别的分店管理得法。

这一结论无论对他还是对你，可能都算不上什么天才的发现。但是，做出这样的结论使他产生了信心，因为它把事情搞明白了，继而帮助他做出其他的决定，其中之一就是把"敬业员工的数量"作为百思买的核心指标，用来评测通往未来的进程。

修炼 2：精心挑选你的英雄

高效领导者的第二项修炼是精心挑选他们的英雄。我在这里不是指他们自身的行为楷模——尽管许多杰出的领导者会明确地告诉你，他们钦佩谁。相反，我指的是那些他们刻意表扬的优秀员工。你如果想预测任何一个群体的未来行为——一支队伍、一个部落、一家公司，甚至一个国家——那就看看它的英雄，看看它崇拜什么人和什么事。

例如，你如果想预测我的英国同胞们的行为，就去听一堂历史课或翻阅几本我们的历史教材。你很快就会发现，我们最自豪的是三件事：一是克里米亚战争中的轻骑旅进攻，另两件分别是第二次世界大战中的敦刻尔克撤退和英国保卫战。表面看，这没有什么特别之处。大部分国家都把一些精心挑选的军事功勋提高到近乎神话的地位：俄国人有斯大林格勒，美国人有华盛顿强渡特拉华河和奥马哈海滩登陆，而伊斯兰国家有 12 世纪撒拉丁解放耶路撒冷。

然而，你如果仔细研究英国的这三次战斗，就会发现一件怪事：我们没有打赢其中任何一次。我们输了头两次，而英国保卫战至多是打个平手。

既然我们没赢，那我们为什么要庆祝它们呢？原因很简单：它们完美地体现了我们自认的核心优势：即使没有退路，也要拼到底。正因为如此，我们崇拜温斯顿·丘吉尔和他的豪言壮语："我们将在滩头与他们作战 …… 我们决不投降。"我们英国人可能打败仗，但是请你记住，不管形势多么艰险，我们决不放弃斗争。我们是国家中的翘楚：我们更加努力。

你可以从我们的国歌"征服吧，大不列颠"中听到这一主题，其中的合唱歌词是：

　　征服吧，大不列颠；日不落，去征服大海吧！
　　不列颠人永不为奴！

"我们永不为奴"算不上什么豪言壮语，但是它正是我们民族性格的核心。坚持和努力是最重要的，远远超过打赢本身。

相比之下，美国大不相同。美国是世界上最好强的国家。用文斯·隆巴迪①的话说，在美国，"打赢不是所有的事，它是唯一的事"。如若不信，就读读任何一家报纸的体育版。在英国，体育报道往往赞美运动员的拼搏和勇气，尽管他们未必打赢。在美国，一切都看数据，击球的平均数，跑的圈数，领先的距离，赢的分数，完成的助攻，以及赢得比赛的百分比。说真的，你如果不仔细看，都会把体育版与商业版弄混。

---

① 文斯·隆巴迪（Vince Lombardi，1913—1970）：美国著名美式足球教练。——译者

为什么美国那么关注得分呢？因为比赛的人喜欢得分。你如果能测量，就能比较；如果能比较，就能竞赛；而如果能竞赛，就能赢。美国的核心优势不在努力，而在赢——不信，就看看他们的英雄和得分。

在美国，人们对赢走火入魔，以至于每逢两个队比赛，不仅会产生一个赢队，而且会评出一个明星球员。为了证明这个球员的确是明星，你可以列举他得了多少分，完成几次助攻，进了几个三分球，断了几次球，或淘汰了多少击球手，跑了多少码，等等。反正他的英雄地位是无可争议的。

在英国，有几家电视台看上了评明星球员的做法，想在英国体育界推广。尽管用心良苦，但他们忘记了，由于不为赢而走火入魔，我们英国人在各种记分上并不在行。结果，一场足球赛结束后，你就会听见播音员支支吾吾地说："今天比赛的明星是戴维·贝克汉姆。"

为什么是他？

"我觉得他特别卖力。他就像旋风一样，满场飞。瞧，他满头大汗。头发也乱了。再说，是不是轮到他了？"

无论国家之间有什么不同，你作为领导者必须牢记，你夸赞什么样的员工，说明你在努力创造什么样的未来。当你把一名员工请上台，当众夸奖时，就会产生一种管理的效能。这名员工会觉得自己受到了赏识，继而获得动力，干得更好。然而，如果举措得当，你还会取得一种领导的效果。如果你能对我们——你的追随者——说明，他究竟做了什么来赢得你的表扬；如果你能表明，他为什么人服务，体现了什么优势，取得了什么分数，或采取了什么行动，那你就能把每件事都说得十分明白。你一边在指着他，一边在告诉我们，虽然他并非十全十美，但他的行为就是我们用来建设一个美好未来的一砖一瓦。

一句话，你精心挑选的英雄将帮助你说明我们的未来。

修炼 3：练习

顶级领导者进行的最后一项修炼是练习。他们反复练习如何使用各种言词、图像和故事来帮助我们看清未来。

你认为杜格·德恩号召为"月光族"服务是一时冲动，脱口而出吗？我不这么想。我觉得他是练会的。我觉得他在 E–mail、走廊闲聊、会议和演示中试过好多不同的词句组合，最后决定用"月光族"，因为这一说法最容易引起听众的共鸣。

最高明的领导者不会每次讲话都创新，认为那是浪费时间。相反，他们把自己的演说练熟和练精后，会反复讲相同的内容，只是每次听众都不同，而且人数越来越多。

马丁·路德·金博士就是这方面一个最好的例子。我们大部分对他的"我有一个梦想"的演讲都十分熟悉，以至于能轻易背诵其中的片断。但是许多人可能不知道，当时，"全国有色人种促进会"（NAACP）和"南方基督教领导会议"（Southern Christian Leadership Conference）的高层曾劝他对 200 万要求就业和自由的示威者作一次完全不同的演讲。他们告诉他，这是一个巨大的讲台，一次千载难逢的机会，应当作一次与平时完全不同的全新演讲。他彻夜不眠，反复起草和修改新的讲演稿，其开头把美国宪法比喻为由开国元勋们签下的期票，现在应当由被剥夺权利的美国黑人兑现了。

这比喻固然不坏，但是他开讲 8 分钟后发现，效果并不理想。他正在失去他的听众，而鉴于 200 万听众是一大群人，他就采取了所有的高效领导者都会采取的行动。他放弃了别人强迫他准备的新讲稿，而回到他在教堂和大会上用过无数次的词汇、图像和话语。其中许多我们耳熟能详的段落——例如"我有一个梦想，梦想有一天我的四个孩子会住在一个新的国度里，人们将不根据他们的肤色，而根据他们的品格来评判他们"。——不仅金博士经常引用，而且他知道十分管用。他深信，它们既然在过去能深深打动人，那么，在 1963 年那个炎热的下午，也一定能奏效。

我并不是建议你努力获得与金博士相同的口才。对于他的演讲天才，我们大部分人望尘莫及。但是，你可以从他的例子中获得启示：推动自己反复练习对未来的描述；尝试新的词汇组合；放弃老生常谈，转而使用最生动的表述来引起我们的共鸣，带给我们渴望的清晰。

最重要的是，你无需担心自己重复。也许，就在你觉得自己在老调重弹时，你的话开始穿透我们的迷茫，进入我们的内心，让我们第一次看到你的和我们的美好未来。

※　　※　　※

高效能的领导者不需要激情、不需要魅力，不需要聪明过人，不需要对老百姓煽情，也不需要雄辩滔滔、语惊四座。但他们必须清晰。最重要的是，他们必须牢记一个真理：在所有的人类共性中——我们对安全、群体、清晰、权威和尊重的需求——如果能够满足我们对清晰的需求，就最可能使我们产生信心、毅力和创造力。

如果你能明确告诉我们，谁是我们的服务对象，我们有什么核心优势，我们应当关注什么核心指标，我们今天必须采取什么行动，我们就会报答你，就会不遗余力地工作，让我们的美好未来成为现实。

第二部分

第三条一定之规

个人持续成功

The One Thing
You Need to Know

第五章
百分之二十的人

　　一次，我乘飞机从奥兰多到洛杉矶去。起飞半小时后，我隐隐觉得有人在看我。我一边保持面对电脑，一边转动眼球，扫视四周。我明白了，的确是有人在盯着我看。那是一位坐在走道对面的女士，正在直愣愣地瞧着我，毫不掩饰，那架势俨然是要我放下手头的事，跟她打招呼。我乘飞机时，即使心情再好，也不爱跟人搭讪，而要是登机前刚做完演讲，就会格外无心理睬。鉴于我刚讲了两小时话，又不知道她究竟是谁，便决定当一回缩头乌龟。我耸起肩膀，缩起脑袋，身体前倾，开始拼命地打字。

　　"我是一个百分之二十的人。"她说。

　　我装作没听见。飞机引擎的噪声帮我装得很像，使我没有太多的负疚感。不幸的是，她又说了一遍。

　　"我是一个百分之二十的人。"

　　我也许不爱搭讪，但并不无礼，至少不经常无礼，于是我抬起头来。

　　"对不起？"

　　"我是一个百分之二十的人。"

　　"哦，是的，我听见你的话了，但我不敢说听懂了。"

　　"我听你演讲了，就是刚才那个。"

　　"是吗？"

　　"还记得吗，你说根据盖洛普的研究，只有百分之二十的人声称，他们每天都在工作中做他们最擅长的事，而其他人觉得他们在工作中不能每天都发挥优势。还有，你说，有这么多人觉得自己在工作中错位，是多么遗憾和浪费"。

我当然记得。自从我两三年前看到这一数据后，就一刻也没有忘记。我把它写进《现在，发现你的优势》①的第一章。直到现在，我都对它兴趣不减。从一方面看，这么多人觉得自己找错位置，无疑是一件憾事。但从另一方面看，对于任何一个动脑筋的经理和公司来说，这又是多么大的资源等待他们去开发呀！

"哦，"她继续说："我只想告诉你，真有我们这样的人。我连续 20 年为一家公司工作，对我所做的事喜欢极了。每天我一起床，就有机会大显身手。我就是你讲的百分之二十的人。"

如果你干的是我这一行，那你无论多疲劳，多寡言，都不会放过这样的机会。就在我身旁，坐着一个人，她代表了一个稀有而珍贵的"物种"，而且显然愿意在没有外界干扰的四个小时旅途中谈谈自己。于是我关上电脑，朝她转过身来，开始采访。

"你到底是干什么的？"我问。

戴夫、默特尔和蒂姆

"持续成功什么样？"

至少在有些时候，我们觉得，这世界上有两种人，一种属于百分之二十的人，另一种是我们大家。前一种人由于能力、勤奋、毅力、关系，加上一点运气，能够取得超常的、反复的和持续的成功。他们早早做出明智的选择，

---

① 《现在，发现你的优势》（*Now, Discover Your Strengths*）中文版 2002 年由中国青年出版社出版。——译者

并在后来的年月里，不断巩固早年的成功，绕开、冲破或跨越生活中的种种障碍，左右逢源，招招出彩。更神奇的是，他们无论如何苦干，却从不疲惫，反而越战越勇——更加创新、更加坚韧、更加豁达，就像发现了一种绝招，能将充斥人生的摩擦消除，造出成功的永动机。

在我们大家的眼中，这一切不免有些令人畏惧。我们大部分人在成就和满足上远不像他们那样持续和一致。我们走上工作岗位时，不知道该干什么，而虽然我们在获得一些自我认知后，变得专注一些，但是正如盖洛普的数据所示，我们许多人患有一种所谓的"冒名综合症"，总是怀疑自己不像别人说的那么能干，取得的成功纯属偶然，并且，我们不知道能不能再创辉煌。

对于我们这些百分之八十的人来说，生活真的就像塞缪尔·巴特勒[①]所言："如同边学边拉地当众独奏小提琴。"

正因为如此，如果你周围有几个属于百分之二十的人，就无比可贵。尽管你看到他们的成功，以及他们目标明确、胸有成竹的样子，难免一丝嫉妒，但大部分时候，你会受到他们的激励。我们都知道，生活不会依照我们的愿望而改变，但是这些百分之二十的人向我们表明，尽管人生不以我们的意志而转移，而且我们一不当心就会误入歧途，但我们仍能找到一种生活方式，胜券在握，遂心如意。

我不知道你一生中遇到过多少百分之二十的人。我遇到了三个。不管怎样，我想把这三人介绍给你，因为本章的主题是："关于个人持续成功，有什么他们知道，而我们大家都忘掉或根本不知道的一定之规？"

戴夫

最近，我与戴夫·凯普共进午餐。表面看，戴夫貌不惊人。他穿了一件香蕉共和国牌的衬衣和咔叽外套，淡棕色的头发修剪有度，谈到如何带两个

---

① 塞缪尔·巴特勒（Samuel Butler，1835—1902）：英国作家。——译者

小儿子的苦衷时，会呆笑两下，而谈到自己的成就时，则轻描淡写。他的一举一动，一颦一笑，都是典型的中部美国人。

惟有他充满激情地为绿湾包装工队（Green Bay Packers）进行辩护时，他才一反常态，暴露了他究竟来自中部什么地方：威斯康星州的皮沃基（Pewaukee）。

但是，就戴夫而言，真是人不可貌相。戴夫·凯普是一个属于百分之二十的人，做成了我们都想做却做不到的事。他在自己的领域——一个失败和绝望充斥的地方——取得了持续的成功和满足。

戴夫上中学时，尽管崇拜包装工队，却放弃体育，选修戏剧。今天，他解释说，他做出这一选择是经过精心策划的，为的是追小妞——"在中学球队里，男女比例完全失调，但在戏剧班里……"他咧嘴笑了。然而，经我追问，他承认，事情没那么简单。他一直很喜欢电影，而戏剧班使他幻想有一天，中学和大学毕业后，他能去好莱坞当一名演员。后来的一天下午，当他第N次看《法柜奇兵》（Raiders of the Lost Ark）时，突然醒悟，电影是需要编剧的。

"有这样一个场面：英迪在开罗的街头追他的女友，突然一个坏蛋拿着一把巨大无比的阿拉伯弯刀挡住了他的去路。这家伙把他的刀上下左右地挥舞，像疯子一样怪笑，而英迪拿着一根鞭子，一根赫赫有名的鞭子，这时候，你认定，马上就会爆发一场鞭子对弯刀的大战。相反，英迪只是把手伸向皮带，抽出手枪，一枪毙了那家伙。干得漂亮。每个人都为之喝彩。我们都等着看一场恶斗，可英迪一枪就把他毙了。不知为何，我的脑袋里产生了一个念头，一定是有人这样写的。不知藏在哪里的某个编剧要跟我们逗着玩，让我们期待一种结果，却编出另一种结果。我不明白自己为什么原来没有想到电影是有编剧的，但确实没想到"。

具有讽刺意味的是，戴夫后来才知道，实际上，上述场面根本就没有剧本。编剧的确设计了一场空前的鞭子对弯刀的大战，但是拍摄当天，扮演英迪的哈里森·福特得了肠胃流感，不得已，导演史蒂芬·斯皮尔伯格临时设计了一个简短得多的场面，以便福特先生能尽早回到病床上休息。

无论如何，从这时起，戴夫决心当一名电影编剧。他离开皮沃基，先后就读于明尼苏达大学、威斯康星大学戏剧系和加州大学洛杉矶分校（UCLA）的电影学院。后来，他与一位制片合伙人凑了一笔钱，把他与人合作的第一部剧本拍成了电影。这是一部以布宜诺斯艾利斯为背景的言情片，名为《零号公寓》（*Apartment Zero*），虽然票房不高，但引起了评论家的注意。不久后，环球影视公司提出购买他的第二部剧本，一部名叫《恶势》（*Bad Influence*）的雅皮士惊险片。买方出价甚高，足以让他收回第一部影片的投资。但是，一如其他初出茅庐的编剧与铁板一块的制片公司做的交易，后者只有一个附加条件：这次，他们要求他把剧本重写成一部黑道喜剧。"真是荒唐之极，"戴夫说。"我对写黑道喜剧毫无兴趣。从来就没有。我发现自己受到阴暗题材的吸引，例如偏执、背叛、控制，或放纵。所以，我尽管渴望得到这笔钱，还是拒绝了他们的提议"。

从常规讲，在好莱坞这样一个尔虞我诈的地方，拒绝一家大制片公司真是很傻，所以，许多人会认定，此时的戴夫，拍了一部小片子，又拒绝了一家大公司，命定要和大部分一厢情愿的编剧一样，销声匿迹。

但是，戴夫没有消失。那位被他拒绝的公司高管对他的艺术诚信印象颇佳，便雇他作了环球影视的专职编剧。（我知道这听来难以置信，但请你别走开，后来的事情更像天方夜谭。）现在，戴夫高高兴兴地在公司给自己的办公室安顿下来，即将成为好莱坞最多产和最成功的编剧之一。

亮点：他的下一部影片，由梅里尔·斯特里普和布鲁斯·威利斯主演的《飞越长生》（*Death Becomes Her*）取得了空前的商业成功。接踵而来的是《侏罗纪公园》，一枚空前绝后的重磅炸弹。后来的作品包括：艾尔·帕希诺主演的《情枭的黎明》（*Carlito's Way*）；《侏罗纪公园》的续集《失落的世界》；汤姆·克鲁斯主演的《谍中谍》；朱迪·福斯特主演的心理剧《房不胜防》（*Panic Room*）和2002年出品的《蜘蛛侠》。就在我写此书时，戴夫刚为史蒂芬·斯皮尔伯格的新作《世界大战》（*War of the Worlds*）写完剧本。

在好莱坞，没有一个人能取得这样的成功。作家完成的剧本中，只有极少数能卖出。卖出的剧本中，只有极少数能拍成电影，尽管其比例比卖出的剧本略高一点。而拍完的影片中，只有 1% 的票房超过 5000 万美元。面对这样的困难，戴夫的成就——17 部影片，35% 的票房超过 5000 万美元，24% 超过 1 亿美元——简直是好得离谱。

戴夫最神奇的地方是，尽管已经功成名就，他却仍像 20 年前一样，为编剧和拍片而发烧。他每天把两个孩子送去上学后，便迫不及待地把自己关在办公室里，戴上耳机，把斯普林斯汀[1]的音乐调得响响的，然后消失在他正在创作的虚幻世界中。"写第一稿总是我最喜欢的时间，"他说："没人给我塞纸条，告诉我哪里好，哪里不好。没人闯进来。只有我和我的剧中人物，一起讲我们的故事。我无法想像还有比这更好玩的事。"

当然，戴夫的这张画像是不完整的。我避而没提那些让他发疯的烦心事："自以为是"、喋喋不休的公司高管，最后一刻违约的制片公司，以及各种各样的私人负担。所有这一切都是他生活的一部分，就像它们以不同的形式，成为我们所有人生活的一部分一样。我之所以敬佩戴夫，并在思考个人的持续成功时首先想到他，并不是因为他的生活完美无缺，而是因为尽管生活不无遗憾，但他总能找到一种方式，来维持激情、斗志和高超的业绩。

默特尔

默特尔·波特取得了相同的成就，尽管她的领域截然不同。她在墨西哥的拉斯克鲁塞斯长大。父亲将住房二次抵押，送她到远在美国的芝加哥大学念书。毕业后，她在宝洁公司当了一段销售经理，虽然很努力，但不喜欢，最后辞职。其后，她受雇于默克医药公司，作销售代表。短短几年，由于成就卓著，她被调入公司总部，踏上了事业的快车道。

---

[1] 布鲁斯·斯普林斯汀（Bruce Springsteen）：美国摇滚乐手。——译者

她虽然对自己的进展颇为满意，但很快发现，默克公司其实有两条快车道。A道（这是默特尔自己的标签，不是默克公司的）让你在医药销售一线摸爬滚打，如果干得好，就把你提升为地区销售总监，当上一个事业部的销售一把手。相比之下，B道的面要宽得多，包括市场调查、定价和商业拓展，如果干得好，就可能成为一个事业部的总经理。

默特尔发现这一区别后，马上意识到自己想走B道。她虽然胜任销售，但发现自己对全面的管理问题更感兴趣，例如：这个新药应当如何营销？我们需要什么临床证据来支持我们的营销定位？新药上市后能维持什么价格标准？鉴于B道恰恰会帮助她寻找这些问题的答案，她就必须设法走上B道。

默克公司的领导层另有看法。他们把默特尔送上了A道，而由于她持续成功，他们很快就向她提供地区销售总监的位置，却被她拒绝了。

"他们大吃一惊，"她回忆道。"你要知道，对于默克的数千名员工，当上地区销售总监是一辈子的梦想。每个人都渴望这位置，有的人为了它整整熬了15年。没人会拒绝它。而我，一个才二十几岁的黑女孩，居然如此不识抬举。我解释了我的道理，说明我想更全面地了解管理，希望将来有一天，有幸领导一个事业部，而由于地区销售总监只管销售，对我不合适。但是没人理解我。我想他们认为，我不过是一个初出茅庐的小丫头，时间长了就会想明白"。

于是他们继续劝她接受提拔，她则继续拒绝。这样扯来扯去，持续了好几年。最后，他们勉强给了她一根骨头。初看起来，这骨头小得很。她应邀参加一个小组，其任务是组建一个默克与阿斯特拉（Astra）公司的合资企业，并在企业成立后，对其核心产品进行定价、营销和品牌管理。这药是用来医治一种胃食管反流性疾病（Acid Reflux）的。然而，糟糕的是，尽管大量临床案例证明了它的疗效，它却一直卖不动。说真的，由于销售业绩太糟，默克和阿斯特拉公司商定了一个最后期限，如果到那时销售达不到预定水平，就解散合资企业。

"他们把我提拔到领导岗位时，一切进展极其缓慢，以至于没人相信我能按时完成任务，"默特尔回忆。"我猜想，他们派我去是等着看我失败，继而给我一个教训"。

毋庸赘言，她没有失败。相反，她大出风头。她把这个叫奥美拉唑（Prilosec）的药从一年只卖几十万美元变成了全球的头号畅销药。她在采访中对我这样说时，我未假思索地记在本子上。几秒钟后，我幡然醒悟。

"对不起，你刚才是不是说奥美拉唑成为全球头号畅销药？"

"是的"。

"这不是一种比喻，是吗？你是说奥美拉唑比世界上所有的处方药都卖得多？"

"是的"。

"到底多大销售额？"

"大约一年 40 亿美元"。

"让我核实一下，你是说你把这药从一年销售几十万美元增长到 40 亿美元？"

"是的"。

于是，我不得不问的问题是："你是怎么做到的？"

要描述默特尔及其团队的行动细节，得写一本书，但是一如所有的天才之举，她的做法其实很简单。她的第一步是与顾客对话，而对于奥美拉唑，就是那些出于某种原因不开这药的医生们。她想知道为什么。

显然，他们觉得没必要。他们知道奥美拉唑能治疗胃食管反流性疾病，但他们觉得，大部分病人不必用它。相反，他们一开始用的是一种称为 H2 的拮抗药，如法莫替丁（Pepcid）、雷尼替丁（Zantac）或泰胃美（Tagamet）。惟有这些药对病人——通常是少数——无效时，他们才开奥美拉唑。

于是，默特尔率领她的团队查阅了"新药应用"的档案，从浩如烟海的临床试验数据中，找到了与奥美拉唑有关的两个关键事实。第一，虽然法莫替丁、雷尼替丁或泰胃美能减轻病人症状，但奥美拉唑却能标本兼治。第二，某些症状独特的病人用别的药根本无效，结果，无论是 6 个月还是 18 个月，他们还得用奥美拉唑。

基于这些发现，默特尔回去问医生们，"如果我能告诉你们，有一类病人用其他的药根本无效，惟有用奥美拉唑才能消除症状，你们会不会马上开奥美拉唑，而不是把它作为最后的手段呢？"

医生们说会。于是，默特尔重新编写了所有的营销材料，培训所有的销售代表，使他们明白两大要点：第一，惟有奥美拉唑能治本；第二，对于某些病人，奥美拉唑应成为首用药，而不是最后的一招。

几个月后，销售开始暴涨。奥美拉唑在大限前整整三个月完成了指标。默克和阿斯特拉成立了一家新公司，专卖奥美拉唑。默特尔荣获了令人垂涎的默克董事长奖。

现在看来，她的发现和行动似乎不言自明，所以你可能会奇怪，为什么别人没想到。但如上所述，大部分手到病除之举事后看来都没什么了不起。难就难在有先见之明，并且迅速变为行动。

默特尔无疑具有这种才干，而且不断用它在默克公司创造佳绩，后来几年又在百时美施贵宝（Bristol–Myers Squibb）公司露了脸，直到大型生物工程公司基因技术公司（Genentech）把她聘去做了首席运营官。在新公司，她还像当年那样热情、勤奋、犀利，并且，连续 4 年确保 20% 的增长率，依然超常成功。

蒂姆

蒂姆·塔索普洛斯是我要写的第三个百分之二十的人。蒂姆中学毕业后，想找一份夏季的临时工，便来到当地的购物中心，向好几家零售店求职，然后来到商场的食街，买了一份 Chick–fil–A 三明治当午餐。他变着法与老板攀谈起来，后者很快就雇用了他。蒂姆并不是一位非餐馆不做的美食发烧友，但正如他所说："我很卖力，喜欢为别人服务，所以总体上，我头几个月干得不错。"

蒂姆一定是有点谦虚了，因为老板对他的工作满意得不得了，以至于他给 Chick-fil-A 的创始人特鲁特·卡西打电话，建议他见见这位新雇员。显然，这次见面没有白费，因为从那以后，特鲁特开始亲自培养蒂姆。他邀请蒂姆作为一名特殊的大学生客人，参加 Chick-fil-A 的年会，还在暑假向他提供实习机会，并亲自过问，使他能有事做。最重要的是，他表达了自己的信心：蒂姆既有良好的品格，又有出众的才干，能成为一名优秀的职业经理人，率领他的公司奔向未来。

对于一名大学生来说，这真是天上掉馅饼。蒂姆对特鲁特的信任感激不尽，对 Chick-fil-A 公司的人本文化非常适应，但他没有表态，因为他对自己究竟朝哪里发展还没想好。当时，还有另一件事使他痴迷：政治。他在大学的专业是政治学，因为太喜欢，所以尚未决定投身商业。于是，作为妥协，他决定到乔治敦大学去读 MBA。MBA 的课程将满足他对商业的兴趣；而乔治敦大学位于华盛顿，将满足他对政治的兴趣。

在距国会山 1 英里的乔治敦大学，他有了一大发现。他的一位名叫乔治·斯蒂芬诺普洛斯的同室好友向他兴致勃勃地描述他们实习时为国会议员、政治说客和政治行动团体做的事，却引不起蒂姆的任何兴趣。即使不算乏味，至少是不煽情。一开始，他不理解这是为什么。他们处在权力的中心，参与举足轻重的大事，与国内一些最重量级的人物交往，可为什么他不为所动呢？

同伴们激情满怀，而他却无动于衷，两相比较，使他看到了问题的所在。今天，他是这样解释的，"我想影响别人，但我想现在，今天就做。我想影响一个人的生活，但要马上见效。在政治的幕后工作，的确能结识很多人，但你对别人毫无影响。你所影响的只是政策。更糟糕的是，你产生影响的速度像冰川一样慢。我可受不了"。

于是，他以全班第一的成绩毕业后，离开了乔治敦的象牙塔，回到佐治亚的亚特兰大和相对偏僻的 Chick-fil-A 公司。他从片区经理——Chick-fil-A 称作的"商业顾问"——做起，很快升为地区主管，接着升任负责各分店的副总裁。6 年前，他被提拔为高级副总裁，负责 1200 家 Chick-fil-A

分店的运营。他的任务是培训和指导一线运营、运营服务、采购和分销、人力资源、培训和发展等部门的主管。

鉴于 Chick – fil – A 增长迅速（前 6 年，其分店数量增长了 50%），并在业内名声大噪（蒂姆就任高级副总裁时，他们在全美汽车快餐店中，被《快餐店》杂志排名第 23 位；而最近 3 年里，他们连续排名第一），蒂姆成了企业高管市场上的热门。然而，当猎头公司企图与他联系时，他甚至连电话都不接。"我怎么可能找到一个比现在更好的地方呢？在 Chick – fil – A 工作，公司信任我，推动我每天都做我最拿手的事，使我能接触许多妙不可言的人，每天帮助他们，指引他们，辅导他们。无论从哪方面看，我都无比幸运。"

※　　※　　※

说到这，你觉得蒂姆、默特尔和戴夫怎么样？如果你对他们三人说不出来，那么你觉得你在生活中遇到的百分之二十的人怎么样？为什么他们能持续取得如此的成功？为什么他们在各自的工作中始终那么快乐？"快乐"可能不是最合适的词。这种感觉比简单的快乐更细腻。也许，更好的说法是，他们为什么始终"勤奋而满足？"或"专注而好学？"或"不懈而痴迷？"无论你喜欢用什么说法，你如果见过百分之二十的人，就会明白我的意思。这些人在各自的领域中出类拔萃，却从不满足。他们就像一个不断运动的物体，获得桂冠后会自豪片刻，但很快会把桂冠踩在脚下，去迎接下一个、再下一个挑战。

正如神枪手布殊看着源源不断的人追来时，对智多星日舞小子①所说，"他们是什么人？"就我们的目的而言，我们更应当问的话是，"我们如何才能成为他们？"

根据我的研究，百分之二十的人与我们大家的区别与其说在于他们决定

---

① 美国电影《神枪手与智多星》（*Butch Cassidy and Sundance Kid*, 1969）中人物。——译者

做的事，不如说在于他们决定不做的事。令人烦恼的是，时间是一种毫无弹性的资源。你无法让时间慢下来，也无法使它快起来，或储藏一些，或出钱多买一些。面对这样一种既稀缺、又固定的资源，百分之二十的人对于如何使用它是极其小心的。无论别人的提议多么诱人，他们都会拒绝从事那些他们从心底里知道自己不会喜欢的活动。于是，戴夫拒绝写黑道喜剧；默特尔拒绝了所有的提升机会；蒂姆盯着政治看了一眼，判定从政会毁了他。

他们自觉或不自觉地都记住了关于个人持续成功的一定之规：

发现你不喜欢做的事，马上停止。

你的优势——你对解决问题的喜爱，你的直觉，你的当仁不让，你的利他行为，你的分析头脑——都是你天生的欲望，因而不可压抑。我之所以这样说，是因为你的优势不仅是你具备所需才干的活动，而且是能不断增强你的活动。你在发挥优势的时候，会感到自己强大、真实、自信和振奋。就此而言，它们会自我增强。只要不加限制，它们肯定会表现出来。

持续成功之所以那么难，是因为不幸的是，你的优势很少不受限制。你如果通过发挥优势而取得一些初期的成功，就会有人——往往是好心的人，但更多的是不了解你的优势的人——向你提供新的机会、新的任务和新的岗位。其中一些可能需要你的优势，但大部分不是这样。持续成功的秘诀在于区别哪些需要你的优势，哪些不需要，然后用强大的自律拒绝后者。

如果你的优势是那些增强你的活动，那你的弱点正相反，它们是那些削弱你的活动。令人迷惑的是，你在从事这些活动时，也可能取得某些成果——默特尔是一个颇为能干的销售代表——但是，尽管如此，它们仍使你感到空虚、疲惫、失意，或厌烦。为了持续获得人生的成功，你必须看清这些弱点，然后无情地把它们从你的生活中清除。就此而言，成功的秘诀与其说是积累，不如说是删除。确切的比喻不是修建，而是雕刻，因为成功不取决于你增添什么，而取决于你靠自律切除什么。

　　为了使你了解自律，请你先别读下去，而是回想一件使你苦苦挣扎的事。不一定是一次危及你的事业的大挫折，只是某次事与愿违的经历。现在，请你放下书，好好想想这件事，越具体，越生动，越好。请你判断这件事的哪些方面在你的控制之下？哪些事后来觉得应该做却没做？你犯了哪些如果再做一次就应避免的小错误？你过去犯过同样的错误吗？你能看到什么规律吗？

　　若是，为什么你在这样的情形中总是苦苦挣扎呢？你是不是缺乏某种才干，看不到你应当看到的事情？也许你有这样的才干，却不能在这样的情形中振奋和激动起来。它们使你厌烦吗，还是使你一筹莫展，精疲力尽？说白了，它们使你感到空虚吗？

　　不言而喻，我不知道你在想什么。但是，我能告诉你，你的持续成功取决于你能否思考这些事情，通过它们识别削弱你的东西，然后尽快地把它们从你的生活中清除。你做这事越利索，就会越成功。在摆脱了弱点的摩擦和限制后，你就能充分释放优势的威力。

　　表面看，这句忠告——"发现你不喜欢做的事，马上停止"——似乎很浅薄和片面。如果要你付出应有的代价，尝试困难的新任务，或用喜欢和不喜欢的事情来平衡你的生活，那该怎么办？再说，现实生活哪有那么完美。摆脱你不喜欢的事情固然好，但是谁有这样的福气呢？毋庸讳言，你的工作中总有，并且将来还会有让你烦心和一筹莫展的事。

　　这些问题问得好。为了回答它们，同时揭示这"一定之规"的威力，我们需要回到旅途之初，分析其他一些值得思考的解释，然后回到"发现你不喜欢做的事，马上停止"，说明它为什么是最透彻和最实际的真知灼见。

早期的悖论

　　"哪些解释是虚假的一定之规？"

　　让我们从一些最不堪一击的解释开始。

由于明显的原因,持续成功与年龄、性别、种族或宗教无关。

教育可能有一定的关联,但是教育本身并不是答案。我们都见过一些人,虽然受过良好的教育,在生活中却既无成功,也无快乐。

也不是苦干。当然,所有百分之二十的人都很勤奋,但是很多人也很勤奋,却远远没有得到应有的回报。所以,勤奋对于持续成功是必要的,但仅此还不够。

那么冒险呢?戴夫两手空空,举目无亲,只身来到好莱坞,后来又因为不愿把自己的剧本改成喜剧而拒绝环球影视公司的提议,可谓冒了大险。默特尔一再拒绝提升,冒了许多险。蒂姆呢?他可没冒什么险。说真的,你可以断定,他回到 Chic – fil – A 公司的怀抱,是选了一条最安全的路。所以,冒险不是答案。

你可能会担心,我的三名百分之二十的人并不具有代表性,而我事实上犯了捕风捉影的错误。若如此,就请你记住这一点:作为一种个性特点,对冒险的测量不仅频率最高,而且最可靠。今天,学术界达成了一种基本共识:所有的个性特点都能归结为五条,即所谓的“大五”(Big Five)。“大五”中有两条,一是开放性(openness to experience),其所测量的是你对新奇事物和多样化的兴趣;其二是外向性(extroversion),其所测量的是你渴望多少外部的刺激和激发。合二而一,它们基本等于冒险。可是,尽管人们对这两大个性特点如何影响绩效进行了数百次研究,却没有发现它们与持续成功有任何关联。

另外三种个性特点分别是神经质(neuruocism),测的是你的情绪是否稳定;宜人性(agreeableness),测的是你是否与人为善;责任心(conscientious-ness),测的是你是否井然有序。如果你在琢磨,那我就告诉你,这三条与持续成功也没有确切的关联。这并不是说,关于个性对持续成功的作用,我们已穷尽了一切发现。创业者可能——我之所以强调可能,是因为我们尚无定论——比一般人有更强的外向性。实用科学家可能比理论科学家有更多的责任心。一般的艺术家可能比一般的会计师有更多的开放性。但是这些发现,至多表明某人更可能干某一行，而无法预测此人在这一行里能否持续成功。所以，就目前而言，我们可以公平地说，有关"所有百分之二十的人个性相似"的说法是瞎掰。

那么兴趣呢？也许，对其所在的领域天生就有浓厚兴趣的人更有可能取得和拓展成功。戴夫肯定对电影感兴趣，默特尔对医疗也是这样，但是蒂姆再次成为例外。他虽然功成名就，却不是餐馆业所谓的食品"发烧友"。请你想一想你遇到的百分之二十们。他们每个人都对自己取得成功的领域情趣盎然吗？我想他们大部分人会这样，但敢打赌，其中一两个会跟蒂姆一样，在自己选择的领域成就斐然，但换一个领域，也可能同样成功。兴趣本身虽然很宝贵，但仍不足以解释持续成功。

那么才干呢？戴夫、默特尔和蒂姆在他们所从事的工作中无疑很有才干，尽管戴夫的才干是见仁见智——虽然票房没的说，可你也许不喜欢他对《侏罗纪公园》的处理。

尽管如此，才干是不是他们持续成功的一定之规呢？我不敢苟同。

话得说明白，我对才干的概念是笃信不疑的，并认定，一个人的才干——自发而持久的并能产生效益的思维、感觉和行为模式——的确对绩效产生重大影响。你如果天生就当仁不让，相比天生喜欢息事宁人的人，就更有可能干好销售。同样，你如果天生警觉，而不是对四周熟视无睹，就有望成为一名优秀的警察。而鉴于一个人受雇后，很少改变他的才干，你就必须设法挑选其才干与工作相配的人。

但是从才干出发把人选对——无论是你自己还是一名新雇员——并不能保证持续成功，而只是迈出了旅程的第一步，尽管是至关重要的一步。即使你自己是一个百分之二十的人，你也很可能认识许多其他人，虽然才干与工作匹配，却难以维持高绩效。

为什么是这样呢？从本质上说，才干代表了潜能，而不等于绩效。你如果善于问"如果……怎样？"并思考各种应急方案，那你就有进行战略思考的才干，或潜能。这是一种十分宝贵的能力——想一想，如果一个人没有生动而准确地进行超前思维的才干，要对他进行"战略"培训是多么难。但是仅仅具有这种才干并没有告诉我们，当事人能否获得必需的技术知识，找到正确的环境，或建立正确的关系来运用它，并凭借足够的毅力和热情来持续运用它。如果对它进行准确定义，才干揭示了一个人的潜能，却不能确保他的成功。

这些早期的悖论的确不堪一击。但在下文里，我们将审视另外三种解释，它们看上去可信得多，甚至不无真知灼见。为了对它们做出评估，让我们对持续成功进行更精确的界定。

什么是持续成功？

"如何界定一句大实话？"

不言而喻，每个人对成功都有自己的定义，并从中获得动力。然而，为了我们的目的，我要采用这样的版本：

持续成功就是在最长的时间里产生最大的影响。

这句话说得十分宽泛，足以容纳我们的多样化。我们当中，有的渴望名望，有的渴望专长，还有的渴望从为别人服务中得到满足。有的人最看重家庭，另一些人则为了事业而不惜牺牲与家人在一起的时间。有的人根据工作中的成绩来界定成功，还有人更看重他们对教会、社区和国家的贡献。但是，无论我们选择什么努力的方向，为什么观众表演，用什么标准来测量进步，我们的目标肯定是在最长的时间里产生最大的影响。惟有如此，我们才算成功。

这一成功的定义并没有提到金钱、头衔或奖励，尽管可想而知，无论你选择什么领域，如果你能长时期产生重大影响，它们都会有的。这一定义所指的，就是你做出重大贡献，并持之以恒的能力。

有了这一定义的武装，我们的问题就由"你如何变得像戴夫、默特尔和蒂姆一样？"变成"你如何在最长的时间里产生最大的影响？"

事实上，我们还可以说得更具体些。为了长期产生重大影响，你需要做两件事。

第一，你必须在你的天生才干和热情基础上，努力学习与工作有关的技能和知识，这样才能成为内行。这本身就是一次挑战，但更令人恼火的是，内行都是相对的。如果你是一个内行，但其他所有的人比你还行，那你就算不上内行了。因此，成功不仅要求你学会与工作有关的技能和知识，而且要求你特别关注那些你具有某种超过别人的竞争优势的领域。你越是大路货，就越不容易成功。一如彼得·德鲁克所言："你离开屋子时，一定要带走一些绝招。"

第二，这一成功定义要求你不仅成为某种内行，而且既能保持内行，更要越干越好。保持内行和越干越好对你提出了一些特殊的要求，特别是因为变化——新产品、新对手、新流程，甚至新法律——有一种可怕的习惯，能使你精心打造的专长很快就过时。为了在这个德鲁克所谓的"大变革的时代"生存，你必须百折不挠，随机应变，勤于学习，勇于创新，自信，乐观，并且长期保持轻松的心态和充沛的精力。

这一切对于我们寻找高屋建瓴的洞见有什么意义呢？高屋建瓴的洞见，或一定之规，必须首先告诉你，应当如何对待你身上那些使你有别于他人的个性特点，然后，它必须告诉你，如何变得坚韧、创新、沉着，继而不仅赢得一个规则不断改变的比赛，而且持续去赢。这可不是一般的要求。

不管怎么说，请你思考三种表面不无道理的学派高论。它们都有一些合理的成分，能帮助你在工作中做出虽然小，却很重要的调整。正因为如此，我们有必要对它们进行讨论。

第六章
三大学派

学派 1

"找对策略，好好运用"

这一学派的前提是，你的成功很少取决于才干或智力这样的大概念。相反，无论你有什么才干和智力，你惟有采取正确的策略，才能成功。到当地的书店走走，看看满书架的励志书，你就会被五花八门的策略建议所淹没。

让我们来看看其中最高明的三本书。第一本是托尼·施瓦茨（Tony Schwartz）和吉姆·洛尔（Jim Loehr）合著的《充分投入的威力》（*The Power of Full Engagement*）。托尼和吉姆研究了顶尖的运动员——从网球明星开始——发现，最成功的选手抽球和发球并不占明显优势。诚然，每个选手都有其独特的优势和弱点，但是任何一名能参加 ATP 巡回赛的选手都能在关键时刻发出狠球或正拍猛抽。与常识相悖的是，顶尖选手与一般选手的区别不在于争夺得分时的表现，而在于两次得分之间的表现。顶尖选手能更快和更有效地恢复常态。他们在两次得分的 30 秒间隔中，能大大放慢呼吸和心率，继而恢复体力，重新集中精力，打好下一分。

托尼和吉姆后来把这一发现用于商业界，告诉我们，成功的最佳途径是在压力和恢复之间形成自觉的互动。压力本身并不是我们平常所想的敌人。

持续不断的压力才是敌人。所以，他们说，你应当把自己的一生看成一连串的冲刺，而不是一场不间断的马拉松。你应在生活中实施一套常规，有序地为自己施加压力，然后恢复，再施加压力，再恢复，如此经年累月，循环往复，继而不断增强你的能力、毅力和精力。

他们将此用于各种形式的能量——思维、情感、精神和生理——并设计了一些非常实际的常规，供你在工作中应用。例如，他们告诉我们，鉴于人体最适合连续工作90分钟，你应在工作一个半小时后，强迫自己起身，走一走，深呼吸，休息一下。无论你如何埋头于完成一个项目或写一封 E - mail，90分钟铃响时，你都必须停止工作，走一走，深呼吸，休息一下。说真的，我在写这本书时，也强迫自己把它分为一连串的冲刺。我不知道这样会不会写得更好些，但此举的确使我避免体力透支。

詹姆斯·西特林（James Citrin）和理查德·史密斯（Richard Smith）在其所著《超级事业的5大规律》（*The 5 Patterns of Extraordinary Careers*）一书中，提出了更具体的策略。他俩都在史潘塞·斯图尔特（Spencer Stuart）研究公司任高管，因而很可能见过许多事业成功的案例。他们建议我们"建立自己的品牌"，"早日成为蓝筹股"。言外之意是：无论你有什么长期的事业发展计划，最好一出道就参加一家有名的大公司——因为所有的公司，无论大小，都怕冒险，所以更愿意雇一个已在一家蓝筹公司工作过的人。

显然，我们还应避免他们所谓的"准入的悖论"，即：你没有经验就得不到那份工作，但你不工作就得不到经验。因此，你应积极寻找特殊的项目和单独的项目，继而宣称，你有现有工作所不能提供的技能和经验。

最后一本书是戴维·达历山德罗（David D'Alessandro）所著《职业生涯的战争》（*Career Warfare*）。一如书名所示，他的出发点带有作战的味道。他说，世界上充满竞争，你越成功，竞争就越激烈，梯子更窄，空位更少。所以，为了赢得职业生涯的战争，你必须强迫自己采取某些战术。例如，你应该积极管理你的上司，向他提供他需要的三样东西——忠诚、好的建议和一个从不喧宾夺主的部下。

你应当刻意结交高层的朋友，因为你不知道什么时候会需要他们的帮助，来阻止一个格外自私的上司抢你的功劳。

最重要的是，你要牢记达历山德罗的话："你总在表演。"

"无论你觉得当天发生了什么交易，也无论它看起来多么细碎和乏味，你都不要忘记，还有一场交易在同时进行，那是一场关于你和你的形象的交易。对于大部分人的职业生涯来说，不幸的是他们太不关注细节。他们错误地认为，唯一重要的事就是搞定客户，而不是在某个平常的早上对老板的助手客气一些。"

很明显，达历山德罗的一些策略不过是大实话。但他的另一些策略则不同。例如，有一章出乎意料地建议你不要为个体老板干活（理由是个体老板会嫉妒你的成功）。但是，毋庸置疑，如果运用及时和得当，这些策略是能帮助你成功的。

那么，既然这些策略既透彻又实际，为什么"找对策略，好好运用"不是关于个人持续成功的"一定之规"呢？原因很简单，因为"找对策略，好好运用"并没有告诉你如何避免成为大路货。你与每个人都不相同，有与众不同的优势、弱点、兴趣、背景和经历。如果"一定之规"必须完成一件事，那就是告诉你，该如何使用这一独特的资源组合。它必须关注你的个人特点。

以下两大学派要做的正是这一点，但是它们从完全相反的角度来告诉你，应当如何对待你的个人特点。

学派 2

"找准弱点，好好弥补"

我必须承认，我对这一学派不太赞同。我在前几本书中对此有所论及，这次之所以旧话再提，是因为不幸的是，它是美国和世界各地最流行的观点。根据盖洛普的数据，大部分美国人、英国人、加拿大人、法国人、日本人和

中国人都认为，弥补弱点是取得持续成功的最佳策略。

它的基本推理是这样的：虽然你具有某种优势和弱点的独特组合，但是你最大的成长空间在于存在弱点的区域。因此，为了成功，你必须识别自身弱点，然后努力弥补它们。

拉里·博西迪（Larry Bossidy）和拉姆·查兰（Ram Charan）在他们所著的《执行》（*Execution*）一书中就是这样说的："你如果和你的上司坐下来，而上司没有谈到你的弱点，那就回去重新谈！因为舍此你就什么也没学到。"

《哈佛商务评论》甚至提供了弥补弱点的具体步骤："先从妨碍你在重要任务上达到最低绩效标准的弱点开始。做到这一点后，再着手弥补妨碍你发展职业生涯的弱点。"（HMU，2002 年 6 月）

孜孜不倦地弥补弱点会让你的上司高兴——一名领导者最得意的事，莫过于看到一名部下承认自己的弱点，然后不知疲倦地弥补它们。不仅如此，从表面看，此举还将增加你取得持续成功的机会。其中的推理是：在瞬息万变的今天，要想避免落伍，唯一的方法是学会尽可能多的技能。你如果善于销售，那就学营销、金融和运营。你如果长于流程设计，那就去学人力资源和演讲。你如果是一名战术高手，那就去参加战略培训。你学会的技能越多，就越全面发展，继而更容易生存。

原在创新领导术中心任职的迈克·隆巴多（Mike Lombardo）博士把这些技能称为"职业自由选项"（career freedom options），简称 CFO。他在《领导力机器》（*The Leadership Machine*）一书中写道："我们想告诉你，你在职业生涯每个阶段的幸福、成就和梦想的实现都取决于你的 CFO。你的 CFO 越多，就越幸福 …… 你在银行里存的 CFO 越多，你的机会和选择就越多 …… 增加CFO 能拓宽你的职业生涯。反之则会削弱它。"

另一个常被提及的收益是，迫使自己弥补弱点能使你振奋。你的弱点是那些你感到困难的事，但是根据这一学派的观点，困难的事情又能激发你，所以是好事。因此，你如果想保持锐气，就应关注自己的弱点。或如《本质领导》的合作者理查德·博亚齐斯博士（Richard Boyatzis）所言："你如果不给人们加压，他们最后会厌烦自身工作而离去。"

隆巴多博士说得更直白，"从根本上说，发展意味着尝试困难的事。在舒服的环境中运用现有的技能不仅不会推动进步，而且会导致停顿和懈怠"。他说，最成功的人具有灵活学习的能力，即"愿意并能够学会新的技能，继而在全新而困难的环境中做出更优秀的表现。这些好学的人敢于抛弃他们习以为常和得心应手的事。为什么？为了更进一步，学会新的技能和行为方式"。

在此，我们可以看得很清楚，为什么"找准弱点，好好弥补"具有如此广泛的吸引力。它会使你保持锐气。它会使你全面发展。它会使你保持谦逊。并且，最重要的是，它会使你的上司高兴。

不过，说句公道话，它的确直接满足了上文提及的关于持续成功的两大需求。第一，它告诉你如何对待你的优势和弱点的独特组合：保持前者，弥补后者。第二，它告诉你如何长期延续你的成功：获得尽可能多的"职业自由选项"。

既如此，为什么"找准弱点，好好弥补"不是关于个人持续成功的"一定之规"呢？

明显的原因是，尽管它很吸引人，但很少有成功人士照此行动。（这并不是说，成功人士拒绝学习新东西。相反，他们大部分人都很好学，愿意利用各种机会来学习新技能和了解新观点。他们当中的一些人在瞬息万变的领域里工作，例如电脑图像或应用科学，如果故步自封，就难以生存。我们要指出的只是，他们并没有用这种好学精神来弥补他们的弱点。）不出所料，很少有成功的经理要求他们的员工这样做。同理，很少有成功的教师要求他们的学生这样做。

但是这实际上不是一个很好的理由，因为它马上引起了一个问题，"为什么？"为什么大部分成功的个人、经理和教师不把他们的时间用在发现和弥补弱点上呢？

最新的研究发现了两个答案：其一是生理的，其二是情感的。生理的答案表明，你在自己的弱点领域里学习实际上是得不偿失的。情感的答案断言，弥补弱点实际上是不会使你感到振奋和保持锐气的。

你在自己的弱点领域里学习会得不偿失。

在这一节里，我们要探讨一下学习的生理基础，从而回答以下四个至关重要的问题：

- 你所能学习的东西有限制吗？
- 为什么你学一些东西很容易，而学别的东西却很难？
- 随着年龄增长，你的学习会放慢吗？
- 还有这个大问题：你成人后，在哪里学的东西最多？

我们在回答这些问题之前，想提醒你：如果你觉得这一节的生理学内容太多，或你的自身经历已使你确信，你在自己的弱点领域里学习会得不偿失，那你就应跳过这几页。然而，你如果天生就爱刨根问底，就可能发现下文很有趣。

你有没有想过，当你学新东西时，你的大脑里在发生什么事？我说的是生理上，而不是哲学上的事。当你学着念"Saskatchewan"这个字，或煮一只鸡蛋，或把一个人的长相与姓名相联系时，你的体内有什么东西发生了变化？你可能知道自己的肌肉是如何生长的——你在锻炼时，肌肉就发生了非常细小的断裂，其后几天，断裂的肌肉会自我修复，继而变得更强壮。但是，你的大脑也长吗？

我们如果对大脑中驱动学习的生理过程进行直观的描述，就可能回答这四个问题。

过去10年中，人们广泛地认识到，学习取决于大脑细胞或神经元之间的复杂联结。你的大脑是由数量空前巨大的神经元组成的——尽管说法不一，但保守估计，其总量为200亿个。然而，这些神经元并不能代替你学习。这一任务由一个叫做"突触"的小东西完成。为了认识它，请你想像一根细长的像线虫一样的东西从你的球状的神经元伸出来。这些突触当中，一部分（称为 axon）从它们所在的神经元向别的神经元发信号，而另一部分（称为 dendrite）则相反，专门接受别的神经元发来的信号。无论你是 1 岁还是 60 岁，学习的过程完全一样。一个神经元通过它的发射器突触发出信号，而处于大脑另一处的另一个神经元通过它的接收器突触接受信号。在你的人生历程中，每个神经元将与其他神经元建立数万个这样的突触联结，而每个联结都帮助你吸收一点新的信息。

　　这一切说得固然准确，但并不特别让人开窍。指出突触是学习的载体并不能帮助我们回答以上的四个问题，而至多把问题的表述略加改动而已。我们的问题现在变成：

- 你所能建立的突触联结有限制吗？
- 为什么你建立一些突触联结很容易，而建立别的联结却很难？
- 随着年龄增长，你的突触联结会放慢吗？
- 你成人后，在哪里建立的突触联结最多？

　　为了回答这些问题，我们必须进行更深一层的探索，越过突触而剖析指挥它行动的东西——你的基因。

　　科学界已经从最近完成的人类基因图谱中获益良多——例如基因疗法和产前基因普查——但是，就我们的目的而言，其中最有趣的发现是，我们的基因才是真正的学习机器。一个基因是某种 DNA 的延伸，其主要任务是生产一种蛋白质。你大约有 30000 个基因，每个基因都藏有一个蛋白质的形成密码。人们为解释基因的主要功能，使用了好几种比喻——一张蓝图，一个储存系统，一种语言——但是对我最有用的比喻是"开关"。所以，让我们把一个基因看成一个开关，既能开启，又能关闭。它开启时，细胞就规规矩矩地生产基因的密码所规定的蛋白质，后者接着产生一系列开和关的连锁反应。由第一个基因所表述的蛋白质向下一个基因发出指令，要它开启并生产它自己的蛋白质，后者接着指示另一个基因关闭和停止生产它的蛋白质，而后者接着指示下一个基因开启，如此循环往复，传递指令。

这一开启和关闭的连锁反应告诉你身体中的每个细胞成为什么——臂膀顶端的细胞，还是身体表面的皮肤细胞——然后在每个细胞完成定位后，指示它们干什么。在你的大脑里，这意味着你的基因不仅在你出生前决定你的神经元的早期发展和布线，而且在你成人后，继续积极地参与决定你的哪些突触会点燃，以及点燃的时间和频率。更简单地说，当一个神经元向外延伸，与另一个神经元组成一个突触联结时，它是在执行你的一个基因的命令。迈特·里德雷利（Matt Ridley）在《后天中的先天》（*Nature via Nurture*）一书中对此进行了生动的描述："就在这会儿，在你大脑的某个地方，一个基因开启了，于是一连串的蛋白质就开始工作，改变你的大脑细胞之间的突触联结，使你永远地记住，就在你读这个段落时，闻到了厨房里飘出的咖啡香味。"

换言之，你能学什么和不能学什么取决于你有什么基因。

这并不是说，经验对学习不起任何作用。相反，在决定什么神经元点燃，什么神经元不点燃的过程中，经验，或"后天"，起到重要的作用。在充满刺激——许多轮子和迷宫——的笼子里长大的老鼠与在空笼子里长大的老鼠相比，突触联结要多得多。

但是这的确说明，你如何从经验学习，以及学什么，是由你的基因决定的。例如，无论你的经历多么丰富，你都不可能有与老鼠一样敏感的嗅觉。为什么？因为一只老鼠有 1036 个不同的嗅觉感受（olfactory receptor）基因，而你只有 347 个。同样，无论我们如何努力教猩猩语言，它们都不可能像我们一样说话。为什么？因为虽然人与猩猩的基因有 98.5% 完全一样，但是在与语言学习密切相关的一个被称为"CpG 岛屿"的基因领域，猩猩的基因与人类的不同之处高达 15%。一些具有特异功能的猩猩可能学会某些零星的手语，但是它们根本就没有相应的基因来掌握复杂的修辞和语法。

因此，我们可以说，某个物种与其他物种的区别在于它的基因让它学什么。人也是一样。你的基因与我 99.9% 相同，因此，我俩都能学习说话，推理、忏悔、悲伤、倒车。但是，千万不要小视我们基因中 0.1% 的不同。在我们的大脑中，这些细微的区别会使你的一些基因关闭，而我的基因仍然开启，继而产生一系列不同的开/关连锁反应，使你我的大脑在我们出生时进行略微不同的布线，而且，更重要的是，使我们在长大的过程中，用不同的方式学习。

你如果认为我从基因一步跳到复杂的个性与学习，有望文生义之嫌，那就看看《后天中的先天》一书中的另一个例子。每个人都有一种基因，能产生一种称为"脑源性神经营养因子蛋白"（BDNF）的蛋白质。这一蛋白质的作用类似"大脑中的肥料，滋养着神经元的成长"。有少数人的这一基因有细微变异〔你如果对细节感兴趣，那我就告诉你，对于这些人，处于这一基因第 192 位的是腺嘌呤（adenine），而大部分人则是鸟嘌呤（guanine）〕，继而产生一种完全不同的蛋白质。如果对基因变异的人进行个性测试，我们就会发现，与常人相比，他们更不容易感到抑郁、害羞、焦虑和脆弱，而且，有趣的是，他们在一些记忆测试中的得分也高得多。

很显然，我并不是说，某个基因会自动创造一种性格或学习能力。但是，我的确想告诉你，30000 个基因中任何一个基因的排序如果出现某种细微的差异，就会通过基因开/关的连锁反应，创造具有明显差异的性格。迈特·里德利说得更直白，"无论我还是任何其他人现在都没法告诉你，一个细微的变异如何和为什么会产生一个不同的性格，但是这一事实是毋庸置疑的。蛋白配方的变化的确导致性格的变化"。

要证实这一点，一个方法是改变一个人的基因，然后观察他的性格和学习风格是否改变。当然，由于道德的原因，不能用人做实验，但是有人对低级的扁虫、果蝇和老鼠进行过一些令人着迷的实验，证实基因与性格之间存在因果关系。例如，具有一种类型的 npr1 基因的扁虫喜欢交往，而这一基因略有不同的扁虫则喜欢孤独——它们单独觅食。通过改变这一基因，多伦多大学的基因学家在喜欢交往和孤独的不同扁虫身上实现了性格互换。同样，国家健康研究院的研究人员通过消除老鼠身上的一种基因——它产生的蛋白质能运送 5 - 羟色胺（serotonin）——使它变得焦虑和恐惧。

所有这些研究都表明，你无法摆脱你的独特基因组合，以及它们所创造的独特的学习和记忆方式。不言而喻，这并不是说，你不能学习。如果反复在一定的温度下喂食，即使只有 302 个神经元，而没有大脑的扁虫也能学会喜欢这一温度。然而，这一切的确表明，你的学习方式与我略有不同，因为你的基因与我略有不同。

至此，我想我们回答了前两个问题。你的基因构成解释了为什么你所能学的东西有限制（鉴于你没有老鼠的基因，所以你的嗅觉不可能像它那样灵敏）和为什么有的东西你学起来容易，而另一些东西却格外困难（你之所以总能记住别人的姓名，是因为你有这样的基因，但由于基因欠缺，分析数据总使你头痛）。

现在，让我们来看后两个问题。

随着年龄增长，你的学习会放慢吗？简单的回答是肯定的。为了建立新的突触联结，需要大量的资源——开启基因，生产蛋白质，点燃突触，生长血管——而大自然是不习惯浪费资源的。结果，一旦联结形成，你的大脑就根据其天性用一种叫髓磷脂（myelin）的物质把它们隔离开，进行保护。这一保护使你无需不断学习你已经学会的东西，例如眼—手协调或你母亲的名字。但是，这层髓磷脂的保护膜不是没有代价的，因为它积极地阻碍新的突触联结。正因为如此，如果用眼罩长时间遮住一只小猴子的左眼，眼罩拿掉后，它就能恢复左眼的视力，而一只成年猴子却不能。同样，与儿童相比，成年人恢复脑损伤要难得多；而 5 岁孩子学外语比 35 岁的成年人要容易得多。

这并不是说，青春期后所有的突触联结都停止了。一系列著名的实验发现，在成年失明后需要学习盲文的人的大脑里，与触觉有关的突触联结明显增加，而与视觉有关的突触联结大大减少。但是它的确表明，成年后，你的大脑可塑性大不如童年，因此，就学习而言，你的成人大脑将始终寻找生理上最经济的方式来建立新的联结。

这回答了最后的问题：你成人后，在哪里学得最多？或用生理学的术语，你在哪里建立的突触联结最多？鉴于生理上最经济的建立新联结的方式是在现有联结的基础上发展，你就会在大脑现有联结最多的地方建立最多的新联结。用纽约大学神经学教授约瑟夫·勒杜（Joseph LeDoux）的话说："新增的联结更像树枝上的芽苞，而不是树枝本身。"

这对于你的学习有重大意义。你成人后，不会在新的、不同的、困难的和与你的性情相悖的领域中学得最多。事实上，在这些领域，你学得最少，而且你学的东西往往是事倍功半。有时，客观环境会逼迫你这样做——例如，一名团队成员突然离去，迫使你填补空缺，以便迅速起步。但是，你务必把它看清楚——那只是临时的偏离，而不是你学习的真正中心。

你的大部分学习应当集中在那些你已经达到一定水平的领域。你如果具有某种天生的能力来解决问题、建立关系、竞争，或预见别人的需求，那你就应通过延伸、改进和聚集这些能力来取得最大的学习效果。在这些你已掌握的领域，你的突触所形成的树枝已经长成，使学习的芽苞能够绽放。

关注自身弱点不会使你振奋和保持锐气

现在，请你停下来，思考一个你在行的活动。什么活动都行——无论是在家里还是在班上——只要是一种你达到一定水准的活动。

你在期待着进行这一活动时，有什么感觉？你在活动中有什么感觉？你刚做完它时有什么感觉？

如果你与我们大家一样，那很可能你在思考它时的感觉就是某种自信、乐观、积极和得心应手的结合。认知心理学家把这种心境称为自我效能（self-efficacy）。

自我效能与自尊（self-esteem）不同。后者指的是你对自身价值的总体感觉。一般说来，自尊强是好事，但是，不幸的是，美国心理学会最近进行的一次全国调查表明，自尊强并不能预测任何东西——例如坚韧、持久、目标设定、成就，等等。

自我效能不是一种总体的感觉，而始终与某一个具体的活动相连。你有强烈的自我效能感，可能源于软件销售，或进行安全注射，或分析公司的年度报告。与自尊相比，你对某一活动产生的自我效能感能准确预测你未来的绩效。它能预测你在这一活动失败时能否迅速恢复，你在遇到障碍或挫折时能否努力坚持，你对这一活动会设定多高的目标，并且，最重要的是，你有多大可能达到这些目标。就绩效而言，自我效能是一种威力极其强大的情感。

虽然你的自我效能与具体活动相连，但是当你面对新的挑战时，它的确十分有用。美国心理学会前会长艾伯特·班杜拉（Albert Bandura）的研究表明，你如何面对新挑战，取决于你是否善于把你的自我效能从一种活动转移到另一种活动。要做到这一点，最好的方法是刻意寻找新挑战与你过去的成功有什么相同之处。相同之处越多，你就越能维持较高的自我效能，因而更坚韧、更耐久、目标更高，并且更有望达到这些目标。

因此，你在应对一个接一个的挑战时，要想保持充沛的精力和热情，就不要远离你熟悉的领域，去从事与你擅长的事情全然不同的活动。如果你要做的是全新的、从未尝试过的和陌生的事，那你是不可能兴趣盎然、马到成功的。相反，惟有在做你熟悉和相似的事情时，你才能兴趣盎然、马到成功。你的新挑战与你所熟悉的领域越相似，你就越可能学得快，持之以恒，设定并达到高目标。

现在，让我们来看另一个发现，它揭示了情感在持续成功中的作用。

在前章，我曾请你回忆一个使你苦苦挣扎的事件。现在，我要你再做一次，但是多走一步。如果你能忍受，就回忆一个使你不仅苦苦挣扎，而且彻底并当众失败的事件。你失败在哪里？它给你什么感受？请你尽可能生动地回忆当时的情感。

上帝才知道你这会儿在想什么，但我敢打赌，我现在正使你的心情变坏。很好，这正是我的目的。现在，请你快速思考，看你还能回忆起多少负面的事件。它们不必与上述事件相同，也无论发生在单位、家庭或学校，只要是负面的就行。

也许你应当把它们都写下来，但是我不想强迫你这样做，以免使你太沮丧。然而，如果你是参加我这项研究的志愿者，我就会要求你写下来。而且我会发现，你在情绪沮丧时所能回忆的负面事件比情绪正常时要多得多。同样，如果我要你回忆最近的一次成功或想像中大奖的感觉，继而给你一个好心情，你就能回忆起大量的积极事件。

这一研究被多次重复，参与的志愿者来自各行各业，但是结果始终相同：一件事与你现在的情绪越吻合，你就越能回忆它。

认知心理学对此的解释是，当一个事件发生时，你在你的记忆中不仅储存事件的细节（正当你在演示中走题时，你的上司走了进来，使你不得不从头开始），而且储存了你当时的感受（愚笨无能）。天长日久，随着更多的事件发生，你就形成了对一系列事件的记忆网络，它们之所以聚在一起，是因为曾给你造成了相似的情感。所以，如果一个新的事件发生，使你产生与上次上司进来时相同的愚笨无能的感受，你就会回想起一系列类似的愚笨无能的事件，想忘掉都不可能。用艾伯特·班杜拉的话说："在记忆网络中激活某种特定的情感会引起对相关事件的回忆。"用大实话说，消极的情绪会使你想起以往的失败，而积极的情绪会帮助你回忆过去的成功。

一些学者认为情绪的威力甚至比这更大。J. D. 蒂斯代尔（J. D. Teasdale）教授的研究使一些人断定，消极情绪不仅使你想起以往的具体失败，更令人担忧的是，它们会使你从整体上觉得自己一无是处。

不过，我们并不需要参与这场学术争论，因为，就所有的实际目的而言，结论是一样的。如果强迫你对过去的某次具体的失败进行深入思考，就会对你产生深刻的负面影响。班杜拉是这样描述你的恶性循环的：回忆失败使你沮丧，而"沮丧削弱自我效能的信仰；削弱的信仰继而瓦解动力，降低绩效，使你更加沮丧"。

所以，你如果真想毁掉自己持续成功的机会，那就去思考你的弱点，回忆过去的失败，念念不忘你的一身毛病。不用多久，你就会连床都懒得起了。

※　　※　　※

让我们总结一下。所有这些研究表明，你的基因组合虽然与我和所有其他人非常相似，却有着细微而重要的差别。这些差别使你的大脑形成与众不同的突触联结网络，继而决定了你独特的思维、感觉、学习、记忆和行为模式。研究还表明，虽然你成人后会继续学习，但惟有在你已经熟知的领域中，你才能学得最多，因为你在这里的突触联结最粗壮、最结实。

就事情的情感侧面而言，我们了解到，你在自己有所掌握的领域中，更容易坚韧、持久、自信和高效；而如果你面临的新挑战与这些领域相似，你就能把这些强大的情感转移到应对新挑战上。

最后，我们了解到，你如果少想过去的挫折，多想过去的成就，就会感到更积极和更振奋。就像我的导师唐纳德·O. 克利夫顿博士所言：“你对自身成功想得越清楚，就越能干。”

表面看，所有这些发现都为争夺“一定之规”的第三个学派提供了有力的支持：“找到优势，好好培养。”这无疑是一个十分高明的想法，能指导你做出许多选择，特别是事业初期的选择。然而，如下文所示，它走得还不够远，而只是引发了一系列的后果，却没有提供答案。

学派 3

“找到优势，好好培养。”

请你花点时间，照唐·克利夫顿的建议去做：回忆一次近期的成功，尽可能把它想清楚。成功的原因何在？很可能一些外部因素——如时机、环境的巧合、运气——起到一定的作用。请你透过这些因素，仔细思考你自己的行为。你究竟做了什么，产生了良好的结果？

你是不是准备得格外充分？你是不是分析了所有的相关变量，继而认定哪种变量的组合能产生最好的结果？也许你只是比别人行动更快和更坚决？

也许对你的成功不应做出如此机械的解释。也许它并非源自清晰的思维和行动，而源自你的直觉——你从心底里就知道该做什么。也许你的体谅和敏感能解释你的成功——你自身的行动并不重要，重要的是别人都愿意帮助你。也许你只是比别人更持久。

你找到一个满意的解释后，就请你回忆另一个成功，看看你能否运用相同的解释。然后再一个接一个地想。

要发现你的优势，有不少正式的方法——如优势识别器测试、梅耶－布雷格斯性格指数、柯氏测试，等——但我发现，这样对过去的成功进行直接思考是一个很好的开始。通过深入了解过去的成功，你就会发现，它们当中总会出现某种贯穿始终的行为或认知模式。你如果能在一定的距离观察自己，就会看到，这些模式是你的个性的一个持久的组成部分——你总是好胜、专注、耐心或喜欢抽象思维——而且，每当这些模式与你所面临的挑战完美匹配时，你就能取得最大的成功。

这些模式就是你的优势，而鉴于它们是你大脑布线的结果，它们会在你的一生中起作用。经过足够的时间，你就能学会更有效地调配和更高明地使用它们，但是你不可能过多地改变它们。事实上，如上文所示，当代脑科学研究表明，在你的一生中，它们会变得更突出：强壮的突触联结会变得更强壮。就此而言，成长意味着越来越多地成为你自己。

鉴于此，识别你的优势，并以它们为中心来发展你的事业，无疑是高明的建议。我访问过的数百人就是这样做的，其中最使我难忘的是塔米·海姆，她的故事充分体现了根据优势发展事业的威力。由于下文要提及的原因，始终把你的优势保持在中心位置是很不容易的，但是对于塔米这似乎毫不费劲。

塔米从小就对商店着迷。早在 12 岁时，她就认定自己将来要进入零售业。

她笑着说："其实这不准确。我在更早的时候就和小朋友们一起玩开铺子的游戏了。但是我只是到了 12 岁时才开始认真地谈论它。"

16 岁时，她在舅舅的鼓励下，决定把她的痴迷化为行动，到印第安纳州她家乡的一家 Lazarus 百货店求职。商店的人说，他们不招兼职人员，但是因为塔米不懂什么是兼职，她就傻乎乎地在接待室坐了一整天，以为凭着一腔热情，他们就会雇她。有趣的是，就像她的许多故事一样，当运营经理最终面试她时，她的激情真的把他征服了。他要她第二天上午到库房报到。

"开始时，他们让我干各种脏活和累活，以此教育我，生活中的铺子与做游戏是截然不同的，但是他们不知道，我从第一天起就上瘾了。我是一个关注现在，关注'我们今天能做什么?'的人，所以我喜欢零售业立竿见影的特点。你如果想改变商品展示，或调整商品分类，就能很快知道这样行不行——结果迅即可见。而且我喜欢这一行的戏剧性，每天都在为成千上万的顾客表演。我无法想像还有比这更来劲的事。"

她的中学和大学年代一直在这家商店打工。她在普渡（Purdue）大学学习零售管理，毕业后参加了他们的管理培训。其后 15 年间，她在公司的管理系统中不断提升，从部门经理、小型分店经理、大型分店经理，到地区副总裁。但是她的进步并不一帆风顺——她供职的联盟百货公司在这段时间中途破产，塔米被调到一个离家 3 小时路程的分店，一去就是 18 个月，使她无法照料年幼的女儿。然而，尽管如此，她对于零售业的戏剧性、顾客关系和"手到病除"的快感，始终热情不减。

这时，鲍德斯（Borders）公司来找她了，问她愿不愿当负责美国西部地区的副总裁?尽管这样她要把家搬到密歇根去，而且身患老年性痴呆病的母亲要一同前往，还要从事科研工作的丈夫离职照顾她，但她全面考虑后，接受了这一工作。

两年后，鲍德斯公司董事长把她请到办公室，告诉她，董事会决定，一年内要提拔她任总裁。他们有点不放心的是，她唯一的工作经验是商店运营，于是，在提拔她任总裁的前一年，任命她为负责销售、营销、商店计划和设计以及快餐运营的高级副总裁。这是她从业以来第一个科室管理职务，使她第一次不必为损益负责。

"你干得顺手吗?"我问。

"哦,不算太糟,"她说。"因为你瞧,我对运营了如指掌,而且熟悉销售、营销和设计在商店一线如何组合。我认为运营——让顾客在店里看到什么——是所有其他管理功能的结合点。所以,虽然我并不精通其中任何一行,但是我根据它们'如何支持一线运营'来判断它们。我想,这使我能保持专注,继而正确决策。再说,我知道这活我只干一年。"

一年后,她顺利就任总裁,迄今已整整 4 年——对她来说妙不可言的 4 年。

"我每天都能来这里,玩这个开店的大游戏,把我喜欢的产品推荐给真正需要它们的顾客,而且身边有一批出类拔萃的同事。"

鲍德斯公司同样满意。在她任职期间,尽管竞争激烈,而且发生了海外战争和互联网泡沫,但公司的利润持续增长,其股值比 2002 年增长 66%。

塔米的故事令人赞叹和振奋。我们要是都能取得这样的成功该有多好。我所看重的并不是她在公司阶梯上的荣升,而是她有一种能力,善于寻找一系列的岗位,使她得以持续发挥优势。

然而,我宣传塔米的事迹,并不想证明"发现你的优势,好好培养"是关于个人持续成功的一定之规。相反,我之所以挑选塔米,是因为她是一个例外。她并不属于那百分之二十。确切地说,她属于那百分之一,能够发现自身优势之路,并在其整个职业生涯中,摒除各种干扰和诱惑,沿着这条路持续走下去。

这固然是一个极为少见的例子。大部分情况下,我们找到一个与我们的优势相匹配的工作,继而取得一些成功,接着,由于这些成功,别人就向我们提供各种新的机会、工作和职责,让我们挑选。其中许多选择十分诱人,但是只有少数几个选择会让你继续发挥优势。其他选择虽然表面看没有危险,但实际上会使你偏离优势之路。

通常这种转折并不特别痛苦。你一般不需要改行,例如从护士转为记者,或销售转为运营。如果真是这样，你会格外小心地判断新的工作是否适合你。相反，通常的情况是某种职业的渐变。在你取得初步成功后，有人就会不断地给你压担子，继而使你的工作发生渐变，一点点地偏离你的优势之路，直至一天早上你醒来，突然发现你的大部分工作使你厌烦、空虚、沮丧和枯竭。

为持续成功，你必须对这些细微的变化保持警惕，并随时调整前进的方向。你如果不这样做，就会彻底走偏，而无法回归正确的道路。

我可以拿我自己作例子。我参加盖洛普公司的初衷，是为了学习如何设计面访，来测量一个人的才干。可是，我加入公司后发现，我最喜欢的是向客户讲解才干的巨大威力。毋庸讳言，设计面访的各种奥妙仍然使我着迷，但相比之下，了解复杂无比的才干现象，勇于面对怀疑者的质疑，然后设法使他像我一样，看清其中的种种奥秘，要来劲得多。当然，我并不是次次都成功，但这并未使我泄气。每个人的反应都帮助我了解，我的哪些例子合适，哪些不合适，哪些推理鞭辟入里，哪些是在绕圈子，继而使我更好地实践和思考。久而久之，我干这行已轻车熟路，但我并不满足，而始终保持旺盛的激情和好奇心，常常在办公室里独自待到半夜，在白板上涂写各种新奇的想法和示图，或在空荡荡的礼堂讲台上来回踱步，听自己大声地独白。

在我职业生涯的这一时刻，一切迹象都表明我要成为一个名副其实的百分之二十的佼佼者。

可是，就在此时，情况在不知不觉地发生变化。我当时用才干的理论和产品所服务的客户中，有一家大型娱乐公司。面对新的竞争，他们正在寻找各种方法，以求获得持续的竞争优势，而盖洛普提出帮助他们系统地挑选更有才干的员工，似乎恰到好处。

项目开始时，我们针对他们的各级领导和经理们举行了一系列讲座，讲解才干的重要性，以及如何选拔才干。讲座每周两次，持续了数月之久。数百名经理们如期进入公司的会议室，听我进行题为"挑选才干"的讲演。一切进展顺利，我春风得意。

说真的，由于一切顺利，项目的规模扩大了许多。随着越来越多的盖洛普顾问加入，项目和产品越来越复杂。为确保质量，使我的心血不至于白费，我干脆搬到佛罗里达州的客户现场，直接进行项目管理。

在佛罗里达，我的任务仍是进行各种讲解和演说，但是，我没有意识到，自己的管理职责与日俱增。由于我埋头项目，一心成功，因而对于这种变化并没有充分认识。再说，我自恃精通研究和咨询，忽视了一些管理上的漏洞，致使一些任务没能如期完成。情况开始恶化。

我慢慢意识到，自己的性格在发生变化。我的脾气开始变坏，动辄发怒。开会时，我的神经始终绷得很紧，会后很久都无法松弛。我加班到半夜，反复思考每个人的职责，以至于第二天起床后神志恍惚，焦躁不安。在缺少睡眠和终日焦虑的夹击下，我的健康开始崩溃。

18 个月后，我彻底垮了。

"发现优势，好好培养"的忠告并没有告诉我如何停止下滑，因为我并没有停止发挥自身优势。相反，即使我下滑时，我仍在每天发挥自身优势——在短短 18 个月里，我针对选拔才干的题目进行了 500 多场讲解和演说。

相反，我之所以下滑，是因为我的职责发生了巨大的变化，以至于我现在的主要工作不是演说，而是一大堆其他活动，例如根据客户需求，随叫随到，有求必应，为别人的工作质量负责，同时管理许多不同的项目，等等。由于我独特的基因和突触联结等原因，上述各类活动都使我陷入混乱，继而对我造成损害，并且，时间长了，合在一起使我精疲力竭、萎靡不振。这倒不是因为我应了所谓的"彼得法则"——被提拔到我无法胜任的岗位上。实际情况是，我一开始取得的成功为我打开了许多新的门，而我稀里糊涂地走了进去。

总之，我的问题并不是远离自身优势，以至于无法取得任何成功。我的问题在于，由于缺乏自律，在取得了成功后，面对随之而来的新形势和新机会，变得眼花缭乱，失去了专注。

关于个人持续成功的一定之规——"发现你不喜欢做的事，立即停止"——正是解决这一问题的良方。是的，你应当根据自身优势来选择职业生涯，并据此进行各种相关的决策。是的，当你取得一定成功后，你应当大胆尝试新的角色和职责，看看它们是否适合你。然而，你在取得进步和成功时，务必保持警惕，随时了解你的工作中有哪些方面使你厌烦、困惑或枯萎。你无论何时发现一些你不喜欢的事情，切勿设法克服它，切勿把它视为生活中的必然，切勿委曲求全。相反，你应当机立断，尽快将它从你的生活中消除。

我当时如果义无反顾地实施这一定之规，就不会浪费我生活中宝贵的 18 个月。相反，如下章所述，我会立即采取行动，将这些活动从我的生活中消除，继而腾出手来培养和加强我的独特优势。

因此，"发现你的优势，好好培养"的忠告虽然用心良苦，却不全面。用体育来比喻，它能使你参加比赛并取得初步胜利，但会引起一系列的后果——新的机会、情形和选择——而如果你掉以轻心，就会反受其害。

"发现你不喜欢做的事，立即停止"则告诉你如何对待这些后果。你参加比赛后，它就引导你进行自律，继而达到和保持一流的绩效，并持续赢得比赛。

※　　　※　　　※

你在努力实施这一忠告时，一定会听到反对的声音。

有人会告诉你，你喜不喜欢你的工作其实不重要，关键在于你能否干好它。别信这鬼话。不言而喻，有的事你虽然不喜欢，但仍能胜任。然而，如果你不喜欢一件事，你就没有持久的动力去反复实践，并不断努力和投资，推动自己精益求精。由于不喜欢，你的绩效很可能止步不前。

有人会告诉你，你对于自己喜欢的事务必警惕，因为你可能喜欢自己不在行的事。毋庸讳言，这种事情有时是会发生的。你只需看看《美国偶像》的电视秀，就会发现，有多少人酷爱歌唱，却丝毫不知别人听起来多么受罪。而且，这样的事在职场也时有发生。我过去就有这样的同事，虽然他们的语调令人昏昏欲睡，却一再要求当主讲人。

然而，这种事并不像你想像的那样，频繁发生。你如果对一件事不在行，就会不断失败，并且，正如艾伯特·班杜拉的研究所示，你如果做一件事反复失败，你对此事的自我效能就会下降，同时你的受挫感会不断增强，久而久之，你出于自我保护的本能，就会尽力躲避它。喜欢你不在行的事始终是短暂的现象。（如果当事人兴致不减，往往是因为他不知道自己无能。之所以如此，有两个原因：一是绩效测量缺失，二是测量结果未向他传达。无论如何，都必须进行直言不讳的反馈。）

有人会告诉你，你在生活中需要一点困难，一点磨砺。就像贝母把一颗小沙砾变成珍珠一样，这点磨砺将使你更坚强、更全面、更宝贵和更完美。他们断言，没有磨砺，就没有珍珠。

千万别信这样的话。就你的职业生涯而言，磨砺只会压垮你。对于一件让你不爽的事情，你每投入一分钟，就是浪费一分钟。在这一分钟里，你不仅学不到什么，而且会在下一分钟里变得更脆弱。本来，你应当用这一分钟来发挥和完善你的优势，同时加紧学习，不断增强自己。

还有人会告诉你，惟有已经成功的人才有条件不做他们不喜欢做的事。还是那句话，别信这个。其实，他们把话说反了。成功的人之所以成功，恰恰是因为他们不做自己不喜欢做的事。他们的不让步正是他们成功的原因。

毋庸讳言，我并不是建议你对同事们的需求置若罔闻或拒不相助。如此自私肯定要犯众怒。我想强调的是，无论作为个人还是团队成员，惟有你的工作与才干相匹配时，你才能做出最大的贡献，而你的责任就是主动调整，来实现这一匹配。

为了跟踪你的行动效能，你每隔三个月就应花些时间书面回答以下问题：你每天有百分之几的时间感受到自我效能，即那种乐观、积极、面对挑战而充满信心的真诚的情感？简言之，你每天有百分之几的时间在做你真心喜欢的事？

最近，我参加了百思买公司的一次会议，会上，10 名持续成功的顶尖经理被问及这一问题。他们的回答最低是 70%，最高是 95%。这些数据对于你可能高得离谱，但是它们与我所访问过的顶级成功人士的回答是一致的，所以应当成为你的标尺。最成功的人善于调整自己的工作，继而把最多的时间用来做他们喜欢做的事。这并非偶然，而是因为他们对自己不喜欢的事保持警惕，并尽快剔除。他们对于"做我喜欢的事"的时间是看得很紧的。

为持续成功，你也必须这样做。你应当保持警惕，对你如何使用时间进行严格判断。毋庸讳言，你可以尝试新的岗位、技能和职责，但是你一旦发现自己做喜欢的事情的时间低于 70%，就要判断是哪些活动干扰了你，然后迅速剔除。你做这事越利索，就越能增加自身的创造力、韧性、价值和成功。

第七章
为了持续成功，你该如何应对：

一个显而易见的问题是：你究竟该怎么去做？你如何才能"发现自己不喜欢做的事，马上停止"呢？

初看起来，"发现你不喜欢做的事"似乎很简单——了解自己讨厌某件事有什么难的？而"马上停止"则难得多。就后者而言，你是对的。你如果想把你讨厌的事情从你的工作中剔除，肯定会遇到一片反对声。

毫无疑问，组织如果能把尽可能多的员工变成百分之二十的佼佼者，肯定会大大受益。然而，它们并不是为这一目的而建立的。至少就其中的优秀组织而言，它们的目的是为顾客提供某种有价值的东西。惟有员工为顾客服务增值时，组织才会关心他们的成功。大部分组织认定，为确保员工这样做，最有效的方法是规定每项工作的标准内容——销售代表做 W，销售主管做 X，销售经理做 Y，销售高管做 Z——然后培训每个员工，使其完全符合这些预先设定的模子。

有不少做法声称帮助员工发展，例如专业的跟班辅导或采用 360 度反馈和胜任力模型的领导力培训。然而，仔细看一看，它们尽管设计得很精细，其目的仍然是弥补你的欠缺，继而使你与预设的模子更加匹配。

如上所述，研究表明，这种"少当你自己"的发展模式是得不偿失的。然而，以顾客服务为中心来建设组织是有道理的。我并不是说这样做有什么错，而只想强调，你如果在一个组织中工作，就要记住，对于剔除你不喜欢做的事，没人会帮你的忙。说到底，这事得你自己干。

不过，你不必泄气。剔除你不喜欢做的事其实没那么难。先看看一定之规的前半句话，"发现你不喜欢做的事"，这其实是要动点脑筋的。你不喜欢做的事并不是完全一样的，而是各有各的成因。你会发现，你越能仔细识别它们的成因，就越能判断，应当采取什么行动来剔除它们。我不是说这事易如反掌，但你至少能更准确地行动。

我们要列举四种各不相同的情感。你如果不喜欢某件事，通常是其中的一种情感导致的。而这些情感各有其不同的原因，因此，应对它们的方法也各不相同。如下所述，对前两个需要下相同的猛药，而后两个则给你更多的行动空间。

厌烦

如果你最主要的感觉是厌烦，很可能是因为你没在做自己最感兴趣的事。你对某些活动本身也许并不讨厌，但其内容却使你毫无兴趣。

梅丽莎·托马斯就陷入了这一困境。我见到梅丽莎时，她是《早安美国》节目的制片主管。她的工作就是坐在控制室里，面对20多个监视器，其所播放的各种内容，例如录像片断、现场采访以及摄影棚里拍的镜头，都是节目的素材。她负责把这些内容整理成节目，使观众看起来既连贯，又具有娱乐性。

她干此行可谓得心应手。某个片断里有什么故事，该怎么讲，她心知肚明，并能恰到好处地通过耳机提示主持人。不过，她最拿手的是在遇到问题时，总能处变不惊，化险为夷。如果卫星信号中断，或现场嘉宾突然对着镜头发呆，别人会惊惶失措，她反而越乱越明白。对于这样的突发事件，她似乎有料在先，总能及时播出别的镜头来蒙混过关。

所以，梅丽莎的问题并不是干不好本行，而是她觉得早间节目的内容实在太乏味。她感兴趣的是政治、经济和国际事件，但她负责的节目只是偶尔报道这些内容，而大部分时间都是些无聊话题，例如"维多利亚秘密"内衣店新款比基尼的时装秀；如何为鬼节烤制恰到好处的南瓜派；采访今年国际名犬大赛冠军的主人，等等。

她为此烦恼了一年多，最后，在充分考虑了各种选择后，她毅然离职，去做一件与她的兴趣直接相关的事——到哥伦比亚大学新闻学院念书。

你如果发现自己陷入类似的困境，就应采取相同的行动。你如果对自己的工作内容毫无兴趣，就应改行。

失落

有的时候，你不喜欢做一件事，并不是因为缺少兴趣，而是因为没有成就感。你可能喜欢自己的工作，甚至干得不坏，但是你所从事的活动与你的价值观不相符。最明显的例子——最近就有好几起——是你所在的公司或你的上司要你做伤天害理的事。不言而喻，面临这样的处境，如果你公开反对却无济于事，那你只有一种选择，就是尽快脱身，而这通常意味着离职。

然而，还有一些情况未必黑白分明。你知道自己已经对本职工作产生不满，但是，你需要仔细思考自己的感觉，才会发现是价值观发生了冲突。凯瑟琳·戴维斯就是一例。

今天，凯瑟琳是嘉信理财（Charles Schwab）公司的大客户经理，负责管理公司的一些高价值客户关系。她任职已四年，最喜欢与客户直接联系，并随时满足他们的需求。

她把自己的工作描述为"客户代言人"，并认为它与自己的优势和价值完全相配，好像天生就该干这行。然而，在此之前，她的职业道路曾绕了不少圈子。她拥有政治学学士学位和体育管理硕士学位，还考虑过再添一个工程、建筑或商务管理的学位。后来，她在公共政策学院工作了一段时间，并以此为契机，当上了犹他州第二选区的众议员凯伦·谢帕德的立法事务联络员。

她到任后，发现所做工作与自己的兴趣相符——她上大学时就对政治着迷；而且，她在工作中能发挥自身优势——立法联络员与大客户经理的角色相同，只不过她是选民而不是客户的代言人。

但是，高层政治需要进行各种妥协和交易，这是她始料未及的。

"当立法联络员要看很多信件，继而了解选民的意见和需求，以及他们选你干什么。但是，假设你想加入众院财务委员会，你就可能要支持某个你的选民反对的议案。当然，我知道政府经常需要妥协，但是我没想到会如此不择手段。"

你可能会觉得凯瑟琳有点天真。若如此，那她直到今天仍然保持她的天真。她说："看到一些人为了连任，不惜放弃他们竞选时信仰和追求的东西，我感到痛心，无法忍受。"

由于无法摆脱不讲原则的妥协，凯瑟琳做出了唯一可行的选择。她离开了国会，找到一个新的工作。在新单位，她要成功，就必须言行一致，并在此基础上建立持久的关系。这就是大客户经理。

如果你的价值与你的工作脱节，甚至受到工作的伤害，你也必须采取相同的行动。为了金钱和生计而妥协是得不偿失的，因为你将失掉最宝贵的东西。

※　　　※　　　※

如果你的兴趣和价值都与你的工作相符，但你无法发挥自身优势，你该怎么办？这种情形会产生一种十分不同的情感：挫折。

挫折

一如上述，你的优势是无法压制的。你的最强大的突触联结一旦点燃，就形成了优势，而且必须表现出来。你如果天生善于体谅，就不可能不感受到周围人的情感。当然，通过学习，你可以更有效地使用这一优势，同样，你也可以学会避免一些使你的这一优势得不偿失的情形。例如，你千万不要帮信用卡公司催债，因为你会没完没了地体谅拒不付账的人，所以肯定干不好。

要完全关闭一个优势是不可能的，至少长期做不到。如果你的工作压制了你的优势，你也许会憋一段时间，但是日久天长，压力会越来越大，直到有一天它们会像经过摇晃的香槟酒瓶的塞子，一下子蹦出来。

如果你的挫折感达到这样的程度，你的唯一出路就是换一个完全不同的工作，一个能使你自由发挥优势的工作。但是，你如果能在你的挫折感到达红色警报区之前就捕捉它，就能选择一个比较和缓的对策：设法对你的工作做一些调整，使它的一部分能适合你的优势，继而取得某种成功，并把这一成功转变为一个全新的工作，使它能全面适合你的优势。

要这样做，你必须敢于坚持，而你的经理必须愿意试验。让我们来看看布赖恩·戴尔顿的故事。

我见到布赖恩时，他在一家大型医疗设备公司当片区销售经理。他的公司销售一系列不同的产品——病床、各种窥镜、照相机、手术刀具，等等。那是20世纪的90年代初期，当时，这类产品都是向医生直销的，销售的要点是证明你的窥镜、刀具或病床在技术上优于你的竞争对手，而从不拼价格，因为当时的医院是根据成本而获得补偿的——医院告诉政府或保险公司，一次治疗成本是多少，然后加上一定的利润，继而获得全额补偿。只要不出格，他们并不在乎价格，而只在乎产品的技术水平。

在这样的环境中销售，要求你招聘和培训年轻能干的销售代表，他们天资聪慧，能了解产品的性能和特点，处事精明，能与不可一世的医生们建立良好的关系，而且当仁不让，能把这些关系变成订单。布赖恩恰好精于此业。他独具慧眼，选拔人才十拿九稳，而且对手下的销售队伍软硬兼施，管理得恰到好处。连续4年，他稳坐片区经理的宝座。

然而，尽管布赖恩成就斐然，但他却越来越感到不爽。他有一个突出的优势，就是善于在遇到一种情形时，分析其中的各个方面，然后从中寻找规律，或总结一系列的概念，继而解释事情的原委。他是一个思想家，善于设计观察事务的新方法，以至于公司总裁送了他一个雅号："梦想编织师"。这无疑是一种既罕见又宝贵的优势，然而，使布赖恩倍感沮丧的是，他在目前的岗位上却用不上。客户、产品和价格都是定好的，他的任务仅仅是向每个潜在客户派一名销售代表，按照定好的价格推销定好的产品。

正当布赖恩一筹莫展，萌生退意时，他注意到周围在发生一个变化，如果好好利用，就可能使他充分施展其编织梦想的优势。

初看起来，这一变化很平常。21世纪初，美国政府决定，从现在起，医院不得在成本加利润的基础上而获得补偿。相反，政府将颁布《诊断准则》，为每种治疗规定价格，而各类医疗组织，如 Medicare，Medicaid，以及各保险公司只能以此为据进行补偿，而无论各医院的成本如何。

面对这一变化，医院顿时乱了方寸。原先，它们对运营成本不太重视；现在，它们突然发现，它们的成本将决定它们从每次治疗中能挤出多少利润。尽管从人们经商的第一天起，就有成本压力，但对于这些医院来说，它却开启了一个陌生的新世界。

然而，布赖恩却看到了机会。他迅速认识到，公司的客户已经从医生变成了医院的首席财务官；后者如何看待价格比前者如何看待产品更重要。面对这一新的情况，布赖恩像所有的梦想编织师一样，本能地采取了一个行动。他深知，与他的竞争对手展开价格战无异于自杀，于是，他开始专心思考这一问题：无论他卖的是什么产品，也无论这些产品是什么价格，他和他的公司能做些什么，来帮助他的客户医院在财务拮据的新环境中取得成功呢？如果他能回答这一问题，他和他的公司就会被视为顾问，而不仅仅是卖货的商人。

"我们不应当卖产品，"布赖恩解释说。"我们应当想明白，如何帮助医院应对新的形势。不言而喻，如果我们能证明自己对它们确实有帮助，它们会从谁那里买设备呢？"

他先对付款进行改革，决定不要医院一次付清，而让它们分期付款。尽管这与公司的收款程序背道而驰，但上司为他开了绿灯，允许他先对几家医院进行试点。试验大获成功，分期付款的订单远远超过了传统的订单。不久后，布赖恩除了继续担任片区经理外，又有了新的任务，就是辅导公司的所有销售人员，向客户推介公司所提供的分期付款方案。

取得了这些成功后，布赖恩继续想新点子。（他是个怪人，有时为了体验一个新的视角，会站到桌子上去，还会买一张从纽约到华盛顿的火车票，不为别的，只为坐在车上想点子。）很快，他又产生了一个新的想法：在某种意义上，医院就像一家工厂。每个医院都有一系列相互联系的流程，其终端的产品是一名康复的病人。他顺着这一比喻往下想，认识到，你如果想经营一家高效率的医院，就应当采用制造业的一些惯行做法，例如库存管理。

医院的一大问题是库存的浪费。在一家中型医院里，每年都会丢失价值数百万美元的锯子、缝线、绷带、窥镜和相机。这些物品并没有被盗，而是"不知道放到哪里去了"。例如，一名医生为做手术而借了一个窥镜，后来忘还了。或一名护士知道没人看管的东西会丢失，于是把她要用的器材藏起来，以便自己用。这种"不假离队"的器材造成了巨大的浪费，因为医院不得不重复采购已经有的器材。

为扭转这一局面，布赖恩发现了一种技术，并购买了它的使用权：在每件器材上都装一个小芯片，这个芯片实际上是一个定位装置，帮助医院管理人员实时了解所有器材的位置，并跟踪由于各种原因而被带出医院大楼的器材。

要向医院推销这样的库存管理系统，需要采取与销售单一产品完全不同的方式。鉴于一家医院的初始投资高达数百上千万美金，每次销售都需要进行理念灌输，这就要求销售代表扮演效率顾问的角色，而不仅仅是一名产品专家。然而，一如以往，布赖恩的上司对他大胆授权，让他培训了一批新的销售代表，然后派这支队伍到销售一线。此举再次大获成功。说真的，由于干得太漂亮，布赖恩的公司在达到25%的成交率，并且一年内销售额增长62%后，决定成立一个新的部门"战略销售部"，并任命他为总管。

如今,布赖恩的工作充满挑战——这样的销售并非易事——但他不再觉得不爽了。他说:"我喜欢我现在的工作。我的上司千万别提拔我,那可是最倒霉的事情。"

原来的布赖恩一筹莫展,可就是几个不可思议的点子创造了一个全新的岗位,使他得以把梦想编织成订单。你如果像布赖恩当初那样感到不爽,也可能找到一条出路,做他后来做的事。寻找一条小溪,让你的优势流淌,直至把它扩大成密西西比河。

※　※　※

我们要提及的最后一个情感虽然可能最具破坏性,但实际上有最多的应对方法。造成这一情感的并不是缺少兴趣,或缺少成就感,或优势被压抑。相反,它的原因在于,你所做的工作突然间或不知不觉地要求你在自己不在行的领域里拥有优势。我可以作证,如果别人要求你每天都用一种你感到不适的方式生活和工作,如果你每天都看不到你应当看到的东西,都被别人看得一清二楚的东西所迷惑,那你肯定会心灰意懒,精疲力竭。

疲惫

遇到这种情形,你该怎么办?我想,你可以采取上述行动:你可以去职,或设法调整你的工作,使它少要你做不在行的事。但是,你如果能尽早发现问题,就能尝试其他几种手段。

首先,最显而易见的手段是找一个人来做你不愿做的事。天下之大,什么人都有,以至于无论什么工作,都有人天生喜欢,而且乐此不疲。我对每天都要见人感到浑身不自在,而你却求之不得。我对设计和实施行动计划一筹莫展,而你却驾轻就熟。我是天底下最杂乱无章的人,而你却井井有条,一边按字母顺序排列调味品和按颜色整理袜子,一边哼着小曲。鉴于就我而言，以上各条都千真万确，所以我要想持续成功，就必须寻找像你这样的人当合作伙伴。

你如果朝周围看看，就会发现，成功与合作是多么密不可分。还记得第一章中我所举的托马斯·杰斐逊的例子吗？他讨厌当众演讲，以至于修改了惯例，运用他最突出的优势，把国情咨文写下来，然后派一名助手，沿着宾夕法尼亚大街，跑步送到国会去。（具有讽刺意味的是，这与今天的情况正好相反。如今，都是"助手"写稿，总统宣读。）

当然，这只是杰斐逊在其灿烂一生中巧妙利用合作伙伴的一个例子。这方面最著名的例子是他和詹姆斯·麦迪逊取长补短、精诚合作的故事。杰斐逊是一个善于抽象思考的人，用历史学家约瑟夫·艾利斯（Joseph Ellis）的话说，最喜欢倾听他自己头脑里的"和谐而怡人的"思想。鉴于此，他讨厌现实生活中的争吵，以及党派政治中的尔虞我诈。他这样表达自己的厌恶："如果我进天堂必须跟一个政党在一起，那我情愿不去。"

一名政客居然讨厌辩论，这无疑是一个致命的弱点。但是，所幸的是，他有詹姆斯·麦迪逊作搭档。虽然麦迪逊的智商一点也不亚于杰斐逊，但是他的头脑以另一种方式活动。他思维既严谨，又实际，而且喜欢辩论，部分是因为辩论帮助他想清楚细节。他作演讲，不像约翰·亚当斯那样抑扬顿挫，慷慨激昂，而是不温不火，中规中矩，既博学，又恭敬。尽管他温文尔雅，不事张扬，但各种决策似乎总能顺他的意。正如艾利斯所言，"杰斐逊是运筹帷幄的战略家，而麦迪逊是左右逢源的战术家……杰斐逊写的是诗，而他写的是散文"。

今天，我们也能找到许多现代的杰斐逊们发现他们的麦迪逊们的例子。《华盛顿邮报》曾发表过 IT 行业的伙伴名单：苹果电脑公司的史蒂夫·乔布斯和史蒂夫·沃兹尼亚克；AOL 的史蒂夫·凯斯和吉姆·金姆希，网景公司的吉姆·克拉克和马克·安德里森；甲骨文公司的拉里·艾利森和鲍勃·麦恩纳，当然还有微软的比尔·盖茨和史蒂夫·鲍尔默。

提起比尔·盖茨，如果不对这位当今最成功的人多说两句，我们关于个人持续成功的话题就没说完全。尽管盖茨显然有他的不足之处，但是他的成功是如此全面——他的个人财富，他的公司产品的广泛影响，以及他看上去十分和睦的家庭生活——以至于你会问自己，为什么是他？他究竟有什么我们没有的东西？他很聪明，但未必超过大部分名校的毕业生。他很勤奋和执着，但是成百上千万的人也不差。他的情商未必超过我们大部分人。说真的，他的矜持和羞涩，以及他常常做出的耸着肩膀，来回晃动的动作，使我们很难用"情商高"来形容他。既然如此，他取得如此空前绝后的成功，该如何解释呢？

我在这里提出一个思想，请你考虑。比尔·盖茨真正的天才，将他区别于平民百姓的天才，在于他善于在正确的时刻寻找正确的合作伙伴。他在使用自己的这一天才时，并不总是刻意的，但是如果仔细审视他的职业生涯，你就会发现，他是一个连续发现合作伙伴的高手。他最早的伙伴是儿时的密友肯特·胡德·伊万斯。伊万斯与小盖茨一样，都是电脑迷，但是，用作家马克·雷伯维奇的话说，他"更加喜欢梦想，更执着，而且基本上不受任何条条框框的束缚"。由于肯特·伊万斯于 1972 年 5 月 18 日攀岩时不幸身亡，我们难以揣测他俩的合作最后会有什么结果。但是，我们的确知道，这一关系对盖茨产生了深刻的影响。他后来为自己的中学母校捐建了一所科学和数学中心，在标牌上写着："谨以此纪念我的同学、好友和探索的伙伴肯特·胡德·伊万斯。"

"虽然已经过了将近 30 年了，"盖茨现在说："但我还记得他的电话号码。"

朋友死后，盖茨与另一位同学保罗·艾伦结成伙伴。他俩都对电脑深深着迷，可谓志同道合，而且相互鼓劲，共同设想这门新技术的未来。

后来，盖茨出人意料地又与哈佛的同学蒙特·大卫多夫结成伙伴。1975年，盖茨与艾伦成立了自己的咨询公司，取名微软。同年，他俩来到新墨西哥州的 Alberquerque，住进一所小公寓。他们请来大卫多夫，要他编写一段重要而复杂的程序。1977 年，大卫多夫第二次前来，又编了一些程序，但他对盖茨的执着实在无法忍受，便做出了职业发展史上最没有远见的决定，拒绝成为微软的第三名员工。

后来，众所周知，盖茨发现并招聘了第 24 名员工史蒂夫·鲍尔默。其后25 年间，鲍尔默成了另一个盖茨。他与盖茨一样聪明和勤奋，但又具有与盖茨互补的优势。他比盖茨更加开朗，更有冲劲和激情，更咄咄逼人。鉴于他与麦迪逊一样，比盖茨更脚踏实地，2000 年 1 月，微软选 CEO 时，他成为天然的人选，继而使盖茨腾出手来，专干他的拿手好戏——战略规划。

说到这，有人会质疑："他当然能找到合适的伙伴，他毕竟是比尔·盖茨嘛。"但是，一如上述，事情的因果应当倒过来：他之所以是比尔·盖茨，一部分是因为他有发现合适的伙伴的天分。

无论你对盖茨做出什么评价，如果你的工作不断地要求你去干你不在行的事，那就请你记住，找对合作伙伴是成功者的秘诀。

如果这招不灵——如果你找不到你自己的麦迪逊，或你不在行的事对于你的工作太重要，以至于无法外包——你还有一条最后的出路：看看这件事里有没有使你振奋的兴奋点，然后经常去想它。这种做法固然需要你玩一些头脑游戏，但在一些情况下，这是唯一的选择。

请你回想一下那位好莱坞的多产编剧戴夫·凯普。虽然写作是他的最爱，但他有时也客串导演。迄今为止，他共导了三部影片：《突变》（*Trigger Effect*），描写了洛杉矶一次断电时，一个郊区家庭中发生的矛盾；《亡灵呼唤》（*Stir of Echoes*），描写了凯文·培根老宅底下发生的鬼故事；《秘窗》（*Secret Window*），描写了乔尼·戴普乡间小屋内外发生的相同的鬼故事。

鉴于这些影片的剧本都是他亲自写的，并且其题材与他的其他剧本一样，都是阴森森的，戴夫的尝试可谓中规中矩。他并没有一头扎进"从没试过的陌生领域"。相反，正如关于自我效能的研究所提倡的那样，他所尝试的都是一些他基本熟悉，只是在细节上略有变化的东西。

虽然这一切无可厚非，但编剧和导演的角色大不相同，而导演的一些职责令戴夫不爽。例如，一如上述，他不善于对另一名专业人员，如摄影师或作曲家，直言相告，他们干的活不够水准。毋庸赘言，尽管这些人都是业内的高手，但戴夫不止一次感到不满。在戴夫的完美世界里，摄制组的每个成员都被称作"讲故事的人"，然而，在现实世界里，经常会发生这样的事：作曲家完成一篇得意之作，却与故事毫不相干。这时，需要有人对作曲家直言相告，他的作品不行，必须重写。

在这种情况下，这人非戴夫莫属——再说，除了导演，谁的话作曲家也不会听。于是，为了克服自己抹不开面子的弱点，戴夫便求助于他所谓的"屋子里的第三者：艺术的上帝"。为争吵而争吵使他疲惫，但是为创作完美的艺术而争吵就不同了，这使他振奋。于是，一旦形势迫使他与同伴争执，他就想像心目中那个艺术的上帝想要什么。这使他坚定了信心，为了艺术而毅然叫来作曲家，不加保留地把问题说清楚。

※　　※　　※

离职，调整工作，寻找合适的伙伴，或在工作中寻找兴奋点，对于你在优势之路上扫除障碍，这四条策略肯定大有帮助。如今，职场上的压力与日俱增——频繁的变化，公司减员后人手不足，好心办错事的上司，以及对"多面手"的偏爱——即使有了这些策略，要想不偏离你的优势之路也非易事。而即使你顶住了这些压力，你在自己的职业生涯中，也可能为了碰碰运气，会刻意偏离你的优势之路。

为了帮助你顶住这些压力，并在你一厢情愿地主动偏离优势之路时给你一针清醒剂，我们要你牢记这一基本原则：对工作中令你不快的事情，你容忍的时间越长，离成功就越远。因此，只要你能办到，就应尽快停止做它们，然后集中精力，释放你的优势，力争出彩儿。

尾 声
刻意的失衡

很久以前，在一个无比遥远的星系，宇宙的两名顶尖电脑程序大师福克和伦克维尔开启了他们设计建造的超级计算机"深思"，定了定神，然后微微前倾，对电脑发问。

"'深思'电脑，"福克说。[至少我想，发问的是福克。我的主要资料来源是道格拉斯·亚当斯（Douglas Adams）写的《如何搭车去星系》（*The Hitchhiker's Guide to the Galaxy*）一书。]"我们要你完成的任务是这样的。我们要你告诉我们 …… 终极答案！"

"终极答案？""深思"说。"什么答案？"

"生命！"福克说。

"宇宙！"伦克维尔说。

"一切！"他俩同声喊道。

"深思"花了700多万年的时间才算出答案，但是不幸的是，当他向翘首以待的众人宣布结果时，却使他们大失所望。根据"深思"的计算，对"生命"、"宇宙"和"一切"的答案是"42"。

你如果读过《如何搭车去星系》，就会知道作者的本意：道格拉斯·亚当斯是在嘲笑那些试图寻找终极答案的人。这篇故事警告我们，你如果想去找它，就可能像"深思"一样当傻瓜。

尽管如此，多少年来，一些肯定不是傻瓜的人仍然在做这样的努力。笛卡儿①就是一位。他花了好几个月的时间，从楼上的卧室里看街上的行人，发现了他的终极答案："我思考，所以我存在。"阿尔伯特·爱因斯坦是另一位。他完成了广义和狭义相对论后，花了一生的最后 25 年，来寻找一个能将两者合在一起的统领一切的理论。更近一些的例子是理论物理奇才斯蒂芬·霍金（Stephen Hawking），他出版了一本名为《包罗万象的理论》的书，描述他如何寻找一个理论，能够解释世间万物，从宇宙的膨胀到夸克粒子的相互作用，无所不包。虽然霍金属于另类，但他并非孤家寡人。另一位获得诺贝尔奖的物理学家利昂·莱德曼（Leon Lederman）就说出了许多科学家的心声："我的理想是在有生之年看到所有的物理研究浓缩为一条公式，既幽雅又简单，能不费劲地写在一件 T 恤衫上。"

所有的证据都证明，尽管讽刺作家道格拉斯·亚当斯百般警告，但我们的天性使我们渴望寻找对复杂问题的简短而清晰的答案。

毋庸讳言，有时这样的渴望会使我们轻信某些望文生义的结论，其中的一些谬论，例如地球是扁的或肤色决定智商，几乎与"42"一样荒唐可笑。

然而，如果深入分析，我们就能看到，这种对清晰答案的渴求是很有用的。史前的人类中，能迅速得出明确的结论，并及时照此行动的人——你是朋友还是敌人？是我吃你还是你吃我？——比面对复杂的环境不知所措的人更易于存活。今天，我们的渴望同样强烈。如果运用得当，它们能使我们透过事物的复杂外表，寻找最佳制高点，来分析事物，理清其脉络，继而采取果断的行动。它们推动我们寻找一个观点，一个视角，继而区分事情的轻重缓急，什么事情可以忽略，什么事情需要重视。

我写此书的目的，就是揭示几个这样的视点，换言之，在避免过于简单化的同时，满足我们对清晰的洞见的渴望。

我们深入讨论了三个涉及多种侧面的题目——管理、领导和个人持续成功，并且，我希望，顶住了诱惑，没有去寻找唯一的答案、步骤或行动，来

---

① 笛卡儿（René Descartes，1596—1650）：法国数学家和哲学家。——译者

解释优秀。相反，我们发现了三个高屋建瓴的洞见，三个观点，来帮助你在一个利益取向相互冲突的复杂世界中追求成功与满足。

为了当一名优秀经理，你必须时刻牢记，你手下的每一个员工都与众不同，而你的主要职责并不是消除他们的个性，而是通过适当地分配工作和提出要求，来加以利用。你这方面越在行，就越能有效地把员工的才干转化为绩效。

当一名杰出的领导者需要相反的技能。你必须善于唤起我们的共同需求。这包括对安全、群体、权威、尊重的需求，但是对于你这位领导者而言，我们最强烈的共同需求是对清晰的需求。为了将我们对未知的恐惧转变成对未来的信心，你必须学会用生动而清晰的语言描述我们的共同未来。随着你的这一技能日臻完善，我们对你的信心就会不断加强。

最后，你必须牢记，你能否持续成功，取决于你能否在你的工作中剔除那些使你偏离自身优势之路的事或人。你的领导能清晰地告诉你一个美好的未来。你的经理能让你参加团队，并为你分配合适的岗位。但是，你必须承担一个责任，就是适时调整方向，以便你对团队及其要创造的未来做出最大和最好的贡献。你这事做得越好，你就越有价值和成就感，越成功。

一如我们在逐个描述这些角色时所示，关键的技能不是平衡，而是它的反面——刻意的失衡。优秀经理认定，通过放大、强调，然后利用每个员工的特点，他就能成功。杰出领导者针对他的核心顾客，所在组织的优势和关键指标，以及他必须采取的行动而得出清晰的结论；至于所有其他无关紧要的事情，既不去想，也不去说。持续高效的个人把一切令他不爽的人和事都从他的工作中坚决剔除，用同样的失衡方式来开拓事业。

※　　※　　※

要保持这样的专注是需要悟性和自律的，并且，既然是孤注一掷，还需要勇气。我希望本书在三个方面都能使你得到加强。